超可爱的
动物造型围巾

Cute Animal
Crochet Muffler
For Kids

日本 E&G 创意 / 编著
虎耳草咩咩 / 译

中国纺织出版社有限公司

目录Contents

13　14

15　16

海獭和水獭
p.14,15

兔子和松鼠
p.16,17

17　18

19　20

猫和狗
p.18,19

小鸡和鸭子
p.20,21

21　22

23　24

大象和犀牛
p.22,23

长颈鹿和斑马
p.24,25

树懒和红毛猩猩

设计&制作...松本薰　制作方法...p.46,47

四肢长长的树懒和红毛猩猩。
运用萝卜丝短针的钩编，
来呈现蓬松质感的毛发。

穿入式

沙沙沙、咚咚咚♪
沙沙咚咚♪

5

咦！？
那是什么呀～

3

chameleon

变色龙

设计&制作...冈麻里子　制作方法...p.31~33

绕脖式

绚丽的色彩搭配钩织成漂亮的变色龙。
滴溜溜圆滚滚的眼睛可爱得让人受不了。
一圈圈卷绕着的尾巴也极为招人爱。

crocodile

鳄鱼

设计&制作...冈麻里子

制作方法...p.31~33　重点课程...p.26

绕脖式

4

啊呜！！

凸凹不平的鳞片令鳄鱼栩栩如生。
瞪着的大眼睛用直线绣来制作。
待钩织好尖尖的尾巴，鳄鱼就大功告成了。

狐狸和小熊猫

设计＆制作...藤田智子　制作方法...p.48~50

捕获果实的聪明狐狸
加上吐舌头的调皮小熊猫。
容易钩织的平面款式。

绕脖式

一圈圈地绕在脖间
去散步吧！
啊！发现蘑菇了耶～♪

Zzzzzzz···

7

8

绵羊和山羊

设计...冈本启子　制作...枡川幸子　制作方法...p.34,35

沉浸于甜美梦乡的绵羊和山羊。
接触肌肤的那一面用短针进行钩织。

绕脖式

白熊和狮子

设计...冈本启子　制作...大场晶子　制作方法...p.36,37

围着围巾的白熊
及留着鬃毛的勇猛狮子。
长着一副令人无法生厌的脸庞。

固定式

11

12

flamingo & parrot

火烈鸟和鹦鹉

设计...冈本启子　制作...鹤先生的织物　制作方法...p.38,39　重点课程...p.27,28

就像哗啦一声马上要展翅高飞的火烈鸟和鹦鹉。
它们特有的漂亮的深浅相间的色彩也是迷人的要素之一。

固定式

13

14

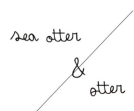

sea otter
&
otter

海獭和水獭

设计&制作...藤田智子　制作方法...p.51~53

拿着贝壳浮在水面上的海獭
和在水中畅游的水獭。
你今天的心情是哪种呢?

固定式

心情愉悦
嘻嘻嘻嘻♪
扮家家游戏中♪

15

16

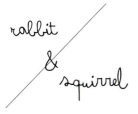

兔子和松鼠

设计&制作...镰田惠美子　制作方法...p.54~56

特别喜欢吃胡萝卜的兔子和嘴里塞满橡子的松鼠。
兔子的尾巴缝上了毛线球，
松鼠的竖条纹采用锁链绣来制作。

固定式

猫

cat

设计&制作…河合真弓　制作方法…p.40,41

条纹图案的猫咪，机敏的眼神威风凛凛。
通过变换颜色来钩织也十分有趣。

固定式

狗
dog

设计&制作...河合真弓　制作方法...p.40,41

萌萌的可爱的小狗围巾。
为了让毛发呈现出蓬松效果，
编织完后梳理毛线形成毛绒绒的效果。

固定式

小鸡和鸭子

设计＆制作...冈麻里子　制作方法...p.42,43　重点课程...p.28

撇着两只小脚丫的可爱小鸡和鸭子。
嘴内穿入尾巴，
小鸡头顶的绒毛是用装流苏的方法接上去的。

穿入式

和大象一起悠闲地
晒太阳，
心情棒极啦！

22

elephant
&
rhinoceros

大象和犀牛

设计&制作...松本薰　制作方法...p.44,45　重点课程...p.29

面容和善可亲的大象和犀牛。
把人气度稳居前列的动物形象制作成围巾，
简直是独占鳌头！

绕脖式

眨着圆溜溜又温柔的眼眸，
惹人喜爱的长颈鹿。
身体部分是将线捋齐同时进行钩织。

23

giraffe
长 颈 鹿

设计＆制作...河合真弓

制作方法...p.57~59　重点课程...p.29

绕脖式

zebra

斑马

设计&制作...河合真弓

制作方法...p.57~59　重点课程...p.29

绕脖式

24

犹如从非洲大草原飞奔而出的
真实的斑马。
面部花纹采用轮廓绣制作而成。

基础课程 Basic Lesson

⊠ 萝卜丝短针的钩织方法

反面

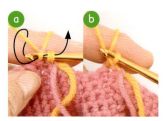

1 待钩至萝卜丝短针行后，将织物翻面，反面朝向自己进行钩织。钩织锁针起立针，如图 a 所示，从前面插入钩针。如图 b 箭头所示，将线绕在左手中指上，把织物夹在拇指和中指间，将线引拔带出。

2 将线引拔带出后的样子（a）。接着如箭头所示方向，将线挂在针上钩织短针。

3 钩织完 1 针萝卜丝短针后的样子。

4 从正面看钩织完几针后的样子。就这样一直钩织萝卜丝短针。

重点课程 Point Lesson

4　图片…p.7　制作方法…p.31~33

牙齿的钩织方法

正面

1 参考编织图解，塞入手工棉的同时钩织鳄鱼的头部。

2 在 ★ 处准备好钩牙齿的线（为了便于理解，此处用不同颜色的线钩织），在前侧半个针脚处插入钩针，将线引拔带出（图 a）。接着在钩针上挂线，钩织引拔针。接着如图 b 所示，继续钩织引拔针。

3 待引拔针钩至步骤 1 中的 ☆ 处后，如图箭头所示挑起前后织物顶端的 2 个针脚，钩织 6 针引拔针。

4 钩织完 6 针引拔针后的样子。接着如图箭头所示挑起外侧半个针脚，引拔钩织至指定位置。

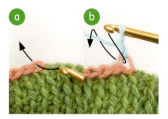

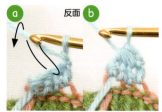
反面

5 钩织完引拔针。

6 在 ★ 处接入新线（图 a），挑起上一行的引拔针内侧半个针脚引拔，钩织起立针的锁针（图 b）。

7 按步骤 6 图 b 的箭头所示方向，在同一针脚内插入钩针，挑内侧半个针脚钩织短针。图 b 是挑钩 3 针短针后的样子。

8 接着钩织起立针的锁针。将织物翻面（图 a），钩织短针 3 针并 1 针（图 b）。

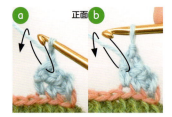
正面

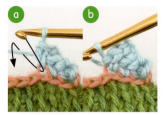

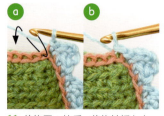

9 钩织起立针的锁针，将织物翻至正面（图 a），如箭头所示方向插入上一行起立针的锁针处，钩引拔针（图 b）。

10 继续按步骤 9 图 b 的箭头所示方向，在第 1 行短针处入针，钩织引拔针。接着按图 a 箭头所示方向在引拔针的内侧半个针脚处入针，钩织引拔针（图 b）。钩织完 1 颗牙齿。牙齿重复步骤 7~10 钩织至 ☆ 处。

11 待钩至 ☆ 处后，将钩针插入上一行引拔针内侧的半个针脚处（图 a），钩织 6 针引拔针（图 b）。接着重复钩织步骤 7~10。

12 牙齿钩织完成。

羽毛的钩织方法

〈 编织内侧羽毛① 〉

1 先把底座编织完成。准备好钩织内侧羽毛的毛线，从★处开始。如图箭头所示方向的顺序钩织内侧羽毛。
※ 为便于理解用双色线进行钩织。

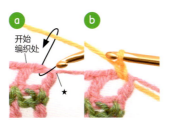

2 将织片开始编织一侧面朝上，换成纵向拿，如图箭头所示方向入针（图a），钩织引拔针（图b）。

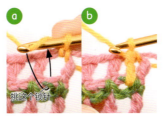

3 针上挂线（图a），如图中箭头所示方向入针钩织长针（图b）。此时，将底座的长针和长针之间的锁针整个挑起，钩织长针。

4 和步骤3同样挑起锁针，再钩织2针长针。图片是钩完3针长针后的样子。接着在其余②~⑤处入针，分别将所在位置的锁针整个挑起，各钩3针长针。

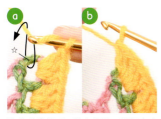

5 钩完⑤处后，针上挂线，挑起底座☆处的长针腿部（图a），钩织2针长针（图b）。

6 接着参考图解钩织指定针数的锁针，挑起锁针的里山，钩织短针。图片是钩织完短针后的样子。

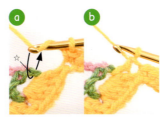

7 针上挂线，再次在底座☆处长针的腿部入针（图a），钩织2针长针。

8 将底座绿色部分的锁针整个挑起（图a），钩织3针长针。

9 和步骤8相同，分别挑起底座上剩余的4处绿色线部分的锁针，各钩织3针长针。图片是钩织完1片内侧羽毛后的样子。

10 改成将开始钩织处朝上地拿着织物，重复步骤3~8继续编织第2片。参考图解，待钩织至步骤9的◎处后（图a），如图箭头所示方向入针引拔在◎处（图b），固定内侧羽毛。

11 继续钩织3针长针，完成内侧羽毛的钩织。请注意第22、23、24片的针数不一样。

12 待钩完第24片后，在底座最后一行的起立针的锁针上进行引拔钩织（图b），断线。

〈 编织外侧羽毛① 〉

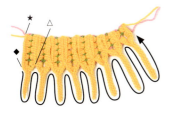

13 钩织完内侧羽毛①后的样子。接着钩织外侧羽毛①。外侧羽毛按箭头所示方向的顺序进行钩织。

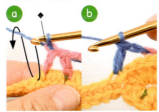

14 重新准备钩织外侧羽毛的毛线，掀开内侧羽毛，在底座的◆处将线引拔带出后，按图a箭头方向所示挑起内侧羽毛短针起针的内侧半个针脚，钩织指定针数的长针的棱针。

15 等在起针上钩完长针的棱针后，将起针锁针内侧的半个针脚也挑起（图a），钩织长针的棱针。

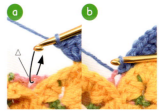

16 第1片外侧羽毛最后的引拔是在步骤13底座三角形（△）处。之后重复步骤14图b~16进行钩织。

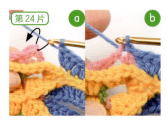

〈钩织内侧羽毛②〉

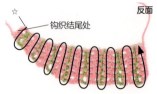

钩织结尾处

反面

〈钩织外侧羽毛②〉

17 第24片最后的引拔钩织在底座钩织结尾处后断线。

18 外侧羽毛钩织完成。接着钩织内侧羽毛。

19 再钩一片底座，将底座翻面，在钩织结尾处的☆处接入新线。参考步骤2~17，按图示箭头的顺序钩织羽毛。需注意第1~3片为内侧羽毛①第24~22片的针数。

20 钩织到外侧羽毛②处。待2片羽毛钩织完成后正面朝外，再将外侧羽毛①朝上放的状态下，在外侧羽毛的四周钩织短针的棱针。接着，在连接内侧羽毛底座的四周，边往底座内塞入手工棉边钩织短针缝合起来。

19·20 图片…p.20,21　制作方法…p.42,43

嘴巴的钩织方法

〈钩织上唇〉

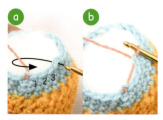

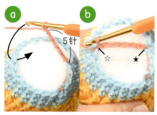

1 钩织完面部的11行及3行的嘴巴部分后，此时往面部塞入手工棉。

2 待钩织完第3行最后的引拔针后，取出钩针，将线团穿入线圈收紧。

3 接着用相同颜色的线，从第3行右侧开始数的第4个针脚处重新插入钩针（图a），将线引拔带出（图b）。

4 再钩织1针引拔针，接着钩5针锁针后，如图箭头所示方向在步骤3入针针脚开始数第12个针脚的顶端插入钩针引拔（图a）。在第12针插入钩针完成引拔后的样子（图b）。这样就完成了锁针桥的钩织。

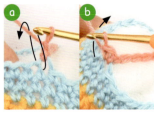

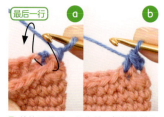

5 钩织引拔针脚处的起立锁针（图a），如图b箭头方向所示钩织短针。参考编织图解，在锁针桥的外侧★处钩织短针。

6 接着在锁针桥上钩织短针。挑起锁针对侧的半个针脚，钩织5针短针，引拔在开始短针的针脚处。钩织完上颚的第1行。参考图解，钩织至最后1行的前侧。

7 待钩至最后1行之前，暂将钩针取出，把线团穿入线圈中收紧。参考图解沿边将织物对折，在前后织片的顶端2针处插入钩针（图a），将线引拔带出后继续按图解钩织（图b）。

8 钩织完上唇后。

〈组合〉

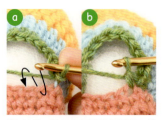

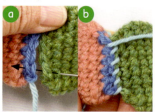

9 在步骤4图b锁针桥的★处插入钩针，和起立针的锁针（图a）一同钩织1针短针（图b）。继续钩织短针至步骤4图b的☆处。

10 接着，挑起钩织锁针桥所留下的半个针脚，钩织5针短针。引拔在开始钩织短针的针脚上，参考图解钩织下唇。最后一行参考步骤7进行钩织。

11 钩织完成下唇后。

12 对齐上唇和下唇（图a），卷缝两片最后一行之间的针脚。组合嘴巴。

鼻头的钩织方法

1 钩织鼻下点织片（图 a），接着用钩鼻子的线继续钩织。鼻子是钩 12 针锁针圈起，钩织 1 行短针（图 b）。

2 钩织鼻子的第 2 行时，将鼻下点织片按图示箭头方向把 2 片针脚顶端同时挑起（图 a），钩织短针。

3 钩织完第 1 针短针。将鼻下点织片和鼻子第 1 行的顶端同时挑起钩织一圈（12 针）短针。

4 连接好了鼻下点织片。接着参考图解继续钩织鼻子。

22 图片…p.22 制作方法…p.44,45

眼睛的安装方法

1 钩织眼睛的底座，将眼睛的底座和眼珠按顺序穿入带线的缝合针上。从头部的反面入针，然后从装眼睛处出针。接着在相同位置入针，如箭头所示方向再从另一侧装眼睛处出针。

2 将另一侧眼睛的底座和眼珠穿在缝合针上，在出针处再次入针，引拔带出至头部反面。

3 从反面将钩针带出的样子。

4 从反面收紧带出的线让眼睛陷进去形成眼窝。

5 织物翻面到反面，将主体的织物稍稍挑起，从开始带入线的位置上出针（图 a）。将线头和线头打几次结（图 b）后收尾。

6 装好了眼睛。接着缝合耳朵，在指定位置上进行面部的刺绣组合。

23·24 图片…p.24,25 制作方法…p.57~59
将反面当正面进行钩织的方法

1 第 1 行最后的引拔是将长针的正面置于内侧进行引拔。另外，在将底色线换成配色线，在钩长针的第 2 次引拔时，如图所示，将底色线由内向外地挂线在钩针上，用配色线引拔带出，暂不钩底色线。

2 用配色线将线引拔带出后的样子。底色线在外侧。

3 接着，如步骤 2 箭头所示方向入针钩织引拔针。钩织完第 1 行。这样织物的正面就到了内侧，再朝着每行内侧继续圈钩。

4 配色线换成底色线，在长针的第 2 次引拔时，如图 a 所示将配色线从内侧挂线至外侧，将暂不钩的底色线带起引拔带出（图 b）。

5 接着，如步骤 4 图 b 的箭头所示入针钩织引拔。底色线纵向过渡至正面。重复钩织底色线→配色线为步骤 1~3，配色线→底色线为步骤 4、步骤 5。

6 图片是从正面看反面时的样子。将此面作为正面使用。

本书使用的线材

★ 和麻纳卡（HAMANAKA）株式会社

1. EXCEED WOOL（中粗）
   羊毛100%（使用特细美丽诺羊毛纤维）
   40g/团　约120m　共39色　4/0号钩针

2. HAMANAKA纯羊毛中细线
   羊毛100%　40g/团　约160m　共35色　3/0号钩针

3. Amerry
   羊毛（新西兰美丽诺）70%（使用特细美丽诺羊毛纤维）、腈纶30%
   40g/团　约110m　共53色　5/0~6/0号钩针

4. FRANC
   羊毛80%、羊驼毛14%、尼龙6%
   30g/团　约105m　共8色　7/0号钩针

★ 藤久株式会社

5. Wister Araeru Merino粗线
   羊毛（美丽诺）100%
   40g/团　约69m　共20色　7/0~7.5/0号钩针

6. Wister Nostalgic tweed
   羊毛80%、尼龙20%
   40g/团　约58m　共10色　8/0~9/0号钩针（刊载作品使用的钩针号）

7. Wister New Alpaca Merino
   幼羊驼毛30%、羊毛70%（使用35%美丽诺羊毛）
   40g/团　约74m　共5色　4/0~6/0号钩针

8. Wister Color Melange粗线
   羊毛60%、腈纶40%
   30g/团　约57m　共16色　6/0号钩针（刊载作品使用的钩针号）

★ 横田株式会社·DARUMA

9. Soft Tam
   腈纶54%、尼龙31%、羊毛15%
   30g/团　约58m　共15色　8/0~9/0号钩针

10. GEN MOU
    羊毛（美丽诺）100%　30g/团　约91m　共20色　7/0~7.5/0号钩针

11. Soft Lambs
    腈纶60%、羊毛（羔羊毛）40%
    30g/团　约103m　共32色　5/0~6/0号钩针

12. Merino DK粗线
    羊毛（美丽诺）100%
    40g/团　约98m　共19色　6/0~7/0号钩针

13. Shetland Wool
    羊毛100%（设得兰羊毛）
    50g/团　约136m　共12色　6/0~7/0号钩针

14. Airy Woll Alpaca
    羊毛（美丽诺）80%、羊驼毛（皇家幼羊驼毛）20%
    30g/团　约100m　共13色　6/0~7/0号钩针

15. 小卷Cafe Demi
    腈纶70%、羊毛30%
    5g/卷　约19m　共30色　2/0~3/0号钩针

※1~15自左向右表示的是：材质 → 制作规格 → 线长 → 颜色种类 → 适用针号。
※颜色种类是截止至2020年8月的数据。
※由于是印刷制品，难免会有色差。

※ 图片为实物粗细

3·4 / 变色龙和鳄鱼

3 图片 ... p.6 **4** 图片&重点课程 ... p.7 & p.26

所需材料 DARUMA

3 Soft Tam/ 薄荷绿 (19) 80g, 含羞草黄 (15) 50g, 番茄红 (17) 45g、绿色 (18)、梅子红 (20) 各 40g, 手工棉 约 15g

4 Soft Tam/ 绿色 (18) 195g, 本白 (1)、含羞草黄 (15) 各 5g, Soft Lambs/ 黑色 (15) 少许, 手工棉 约 15g

针 8/0 号钩针
密度 (10cm×10cm) 花样 /14 针 ×8 行

完成尺寸

3 宽 13.5cm, 长 119cm
4 宽 13.5cm, 长 125cm

钩织方法 (未特别指定的内容, 3、4 的钩织方法通用)
1 钩织主体
钩织起针锁针, 3 为 74 行、4 为 62 行的圈钩花样。

2 钩织头部、尾巴
挑主体两侧的针脚, 按结尾处为头部、起始处为尾巴分别钩织。
3 钩织各配件
分别钩织眼睛、腿。
4 组合
3 是将背鳍缝在主体上, 用引拔针钩织嘴巴。
4 是缝合牙齿。分别订缝眼睛、腿进行组合。

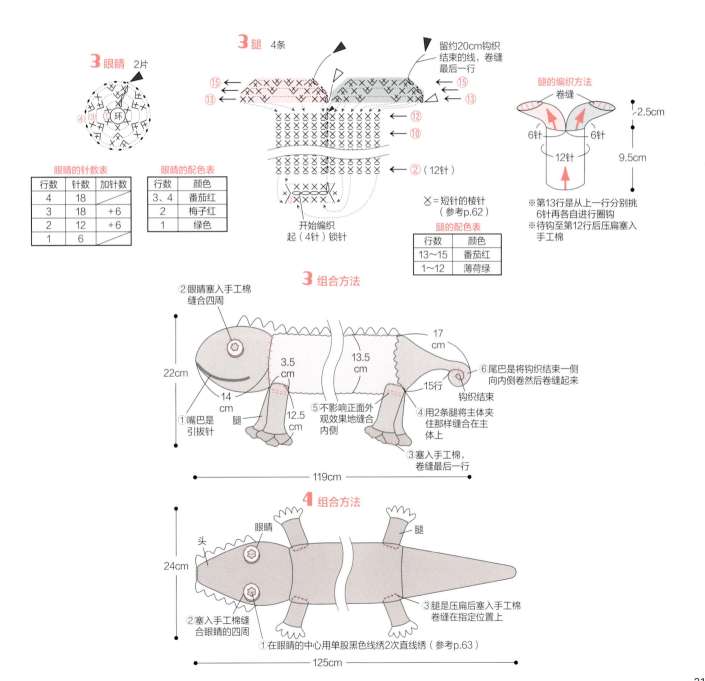

3 眼睛 2片

眼睛的针数表

行数	针数	加针数
4	18	
3	18	+6
2	12	+6
1	6	

眼睛的配色表

行数	颜色
3、4	番茄红
2	梅子红
1	绿色

3 腿 4条

留约20cm钩织结束的线, 卷缝最后一行

开始编织起 (4针) 锁针

✕ = 短针的棱针 (参考p.62)

腿的配色表

行数	颜色
13～15	番茄红
1～12	薄荷绿

腿的编织方法

卷缝
2.5cm
6针   6针
12针
9.5cm

※第13行是从上一行分别挑6针再各自进行圈钩
※待钩至第12行后压扁塞入手工棉

3 组合方法

②眼睛塞入手工棉缝合四周
22cm
①嘴巴是引拔针
14cm
腿
12.5cm
3.5cm
⑤不影响正面外观效果地缝合内侧
13.5cm
15行
钩织结束
③塞入手工棉, 卷缝最后一行
④用2条腿将主体夹住那样缝合在主体上
17cm
⑥尾巴是将钩织结束一侧向内侧卷然后卷缝起来
119cm

4 组合方法

头
眼睛
腿
24cm
②塞入手工棉缝合眼睛的四周
①在眼睛的中心用单股黑色线绣2次直线绣 (参考p.63)
③腿是压扁后塞入手工棉卷缝在指定位置上
125cm

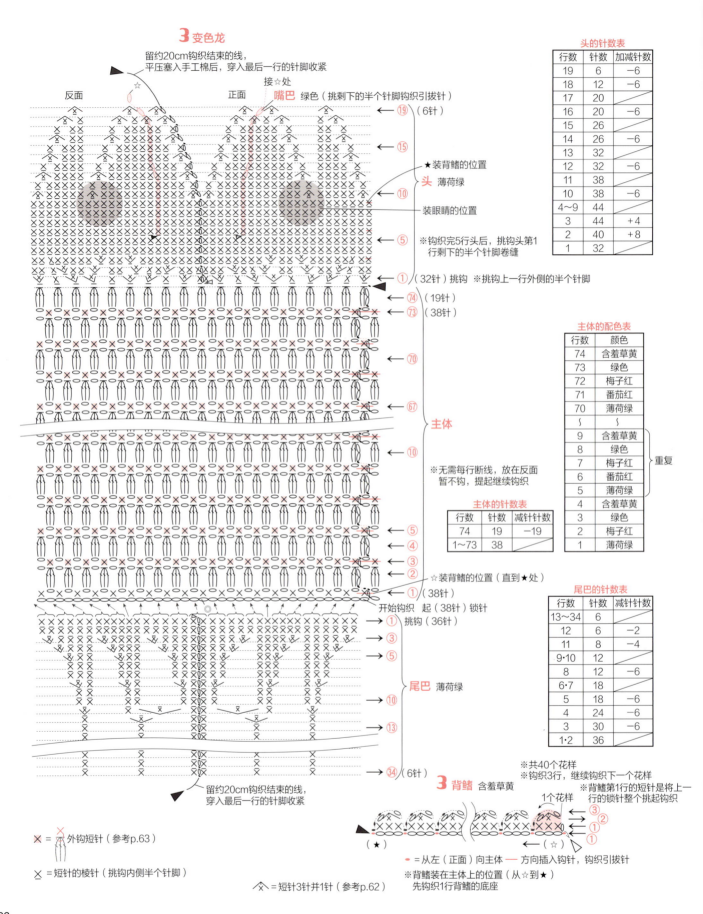

3 变色龙

留约20cm钩织结束的线，
平压塞入手工棉后，穿入最后一行的针脚收紧

反面　　　　接☆处　　正面　　嘴巴　绿色（挑剩下的半个针脚钩织引拔针）

★装背鳍的位置

头　薄荷绿

装眼睛的位置

※钩织完5行头后，挑钩头第1行剩下的半个针脚卷缝

（19针）
（6针）
①（32针）挑钩　※挑钩上一行外侧的半个针脚

主体

※无需每行断线，放在反面暂不钩，提起继续钩织

☆装背鳍的位置（直到★处）
①（38针）
开始钩织　起（38针）锁针
①挑钩（36针）

尾巴　薄荷绿

留约20cm钩织结束的线，
穿入最后一行的针脚收紧

头的针数表

行数	针数	加减针数
19	6	−6
18	12	−6
17	20	
16	20	−6
15	26	
14	26	−6
13	32	
12	32	−6
11	38	
10	38	−6
4~9	44	
3	44	+4
2	40	+8
1	32	

主体的配色表

行数	颜色	
74	含羞草黄	
73	绿色	
72	梅子红	
71	番茄红	
70	薄荷绿	
～	～	
9	含羞草黄	重复
8	绿色	
7	梅子红	
6	番茄红	
5	薄荷绿	
4	含羞草黄	
3	绿色	
2	梅子红	
1	薄荷绿	

主体的针数表

行数	针数	减针针数
74	19	−19
1~73	38	

尾巴的针数表

行数	针数	减针针数
13~34	6	
12	6	−2
11	8	−4
9·10	12	
8	12	−6
6·7	18	
5	18	−6
4	24	−6
3	30	−6
1·2	36	

3 背鳍　含羞草黄

※共40个花样
※钩织3行，继续钩织下一个花样
※背鳍第1行的短针是将上一行的锁针整个挑起钩织

1个花样

（★）　　（☆）

- = 从左（正面）向主体 — 方向插入钩针，钩织引拔针
※背鳍装在主体上的位置（从☆到★）
先钩织1行背鳍的底座

× = 外钩短针（参考p.63）

× = 短针的棱针（挑钩内侧半个针脚）

= 短针3针并1针（参考p.62）

32

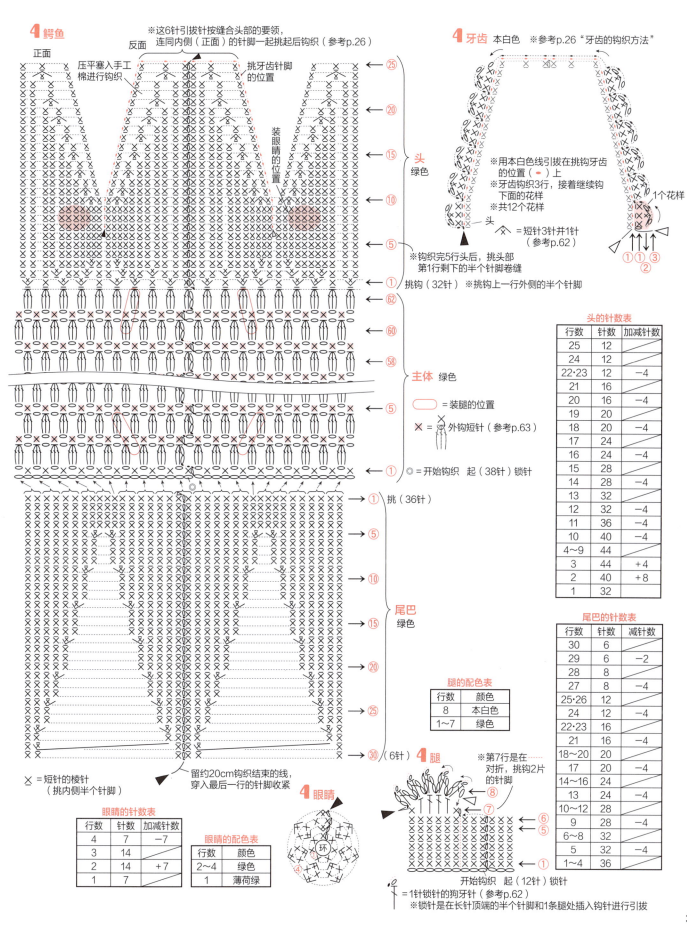

4 鳄鱼

正面

反面

※这6针引拔针按缝合头部的要领，连同内侧（正面）的针脚一起挑起后钩织（参考p.26）

压平塞入手工棉进行钩织

挑牙齿针脚的位置

头 绿色

装眼睛的位置

※钩织完5行头后，挑头部第1行剩下的半个针脚卷缝

挑钩（32针）　※挑钩上一行外侧的半个针脚

主体 绿色

◯ = 装腿的位置

✕ = 外钩短针（参考p.63）

◎ = 开始钩织 起（38针）锁针

挑（36针）

尾巴 绿色

✕ = 短针的棱针（挑内侧半个针脚）

（6针）

留约20cm钩织结束的线，穿入最后一行的针脚收紧

4 牙齿 本白色　※参考p.26"牙齿的钩织方法"

※用本白色线引拔在挑钩牙齿的位置（●）上
※牙齿钩织3行，接着继续钩下面的花样
※共12个花样

1个花样

头

✕ = 短针3针并1针（参考p.62）

头的针数表

行数	针数	加减针数
25	12	
24	12	
22·23	12	−4
21	16	
20	16	−4
19	20	
18	20	−4
17	24	
16	24	−4
15	28	
14	28	−4
13	32	
12	32	−4
11	36	−4
10	40	−4
4～9	44	
3	44	+4
2	40	+8
1	32	

尾巴的针数表

行数	针数	减针数
30	6	
29	6	−2
28	8	
27	8	−4
25·26	12	
24	12	−4
22·23	16	
21	16	−4
18～20	20	
17	20	−4
14～16	24	
13	24	−4
10～12	28	
9	28	−4
6～8	32	
5	32	−4
1～4	36	

腿的配色表

行数	颜色
8	本白色
1～7	绿色

4 腿

※第7行是在对折，挑钩2片的针脚

开始钩织 起（12针）锁针

= 1针锁针的狗牙针（参考p.62）
※锁针是在长针顶端的半个针脚和1条腿处插入钩针进行引拔

眼睛的针数表

行数	针数	加减针数
4	7	−7
3	14	
2	14	+7
1	7	

眼睛的配色表

行数	颜色
2～4	绿色
1	薄荷绿

4 眼睛

环

7·8 / 绵羊和山羊

图片 ... p.10

所需材料　藤久株式会社

7　Wister Araeru Merino 粗 线 / 浅 灰 色 (118)195g，深灰色 (119)10g，手工棉适量

8　Wister Araeru Merino 粗 线 / 浅 米 色 (102)195g，白色 (101)10g，手工棉适量

针　8/0、10/0 号钩针
密度 (10cm×10cm)　花样 /16.5针 ×18行
完成尺寸　宽9cm，长98cm

钩织方法（未特别指定的内容，**7**、**8** 的钩织方法通用）

1　钩织主体
钩织锁针起针，钩织 160 行环状的往返花样。

2　钩织各配件
分别钩织面部、耳朵、腿。**8** 还需钩织羊角。

3　组合
在脸部五官的指定位置上缝合耳朵。**8** 还需缝合羊角。在主体的指定位置上缝合组合的脸部、腿。

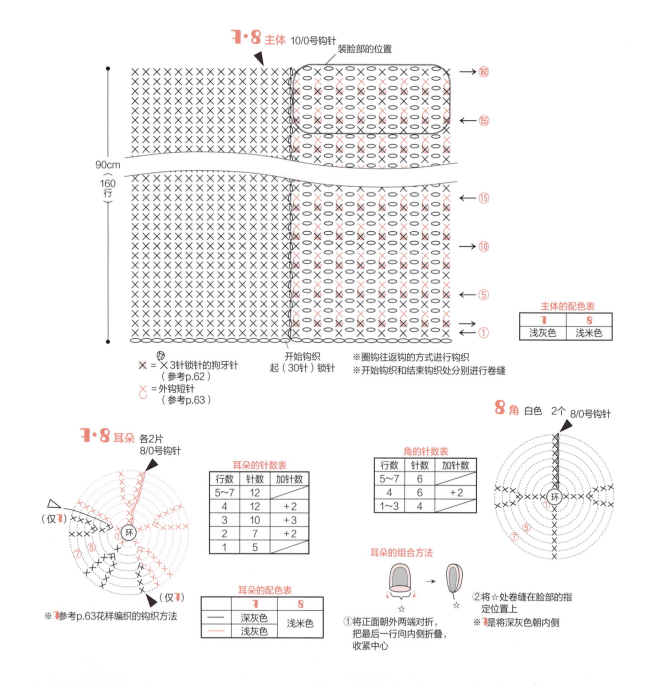

7·8 主体　10/0号钩针

装脸部的位置

90cm
160行

→ 160
← 155

← 15
← 10
← 5
→ 1

开始钩织
起（30针）锁针

※圈钩往返钩的方式进行钩织
※开始钩织和结束钩织处分别进行卷缝

✕ = 3针锁针的狗牙针（参考p.62）

✕ = 外钩短针（参考p.63）

主体的配色表

7	8
浅灰色	浅米色

7·8 耳朵　各2片
8/0号钩针

（仅7）
（仅7）

※7参考p.63花样编织的钩织方法

耳朵的针数表

行数	针数	加针数
5~7	12	
4	12	+2
3	10	+3
2	7	+2
1	5	

耳朵的配色表

	7	8
——	深灰色	浅米色
——	浅灰色	

角的针数表

行数	针数	加针数
5~7	6	
4	6	+2
1~3	4	

8 角　白色　2个　8/0号钩针

耳朵的组合方法

①将正面朝外两端对折，把最后一行向内侧折叠，收紧中心

②将☆处卷缝在脸部的指定位置上

※7是将深灰色朝内侧

34

7·8脸　8/0号钩针

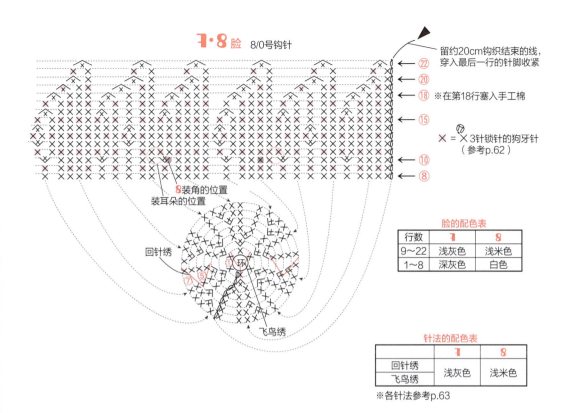

留约20cm钩织结束的线，穿入最后一行的针脚收紧

② 22
② 20
② 18　※在第18行塞入手工棉
① 15
① 10
① 8

× = ×3针锁针的狗牙针（参考p.62）

8 装角的位置
装耳朵的位置
回针绣
环
飞鸟绣

脸的针数表

行数	针数	加减针数
22	6	−6
21	12	
20	12	−6
19	18	−6
18	24	−6
17	30	
16	30	−6
15	36	
14	36	−4
13	40	
12	40	+4
11	36	
10	36	+6
7~9	30	
6	30	+6
5	24	+6
4	18	
3	18	+6
2	12	+6
1	6	

脸的配色表

行数	7	8
9~22	浅灰色	浅米色
1~8	深灰色	白色

针法的配色表

	7	8
回针绣	浅灰色	浅米色
飞鸟绣	浅灰色	浅米色

※各针法参考p.63

7·8腿　各2条　8/0号钩针

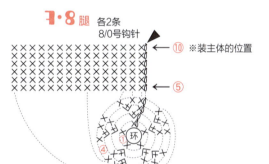

① 10　※装主体的位置
① 5

腿的针数表

行数	针数	加针数
4~10	15	
3	15	+5
2	10	+5
1	5	

腿的配色表

行数	7	8
6~10	浅灰色	浅米色
1~5	深灰色	白色

7 组合方法　　8 组合方法

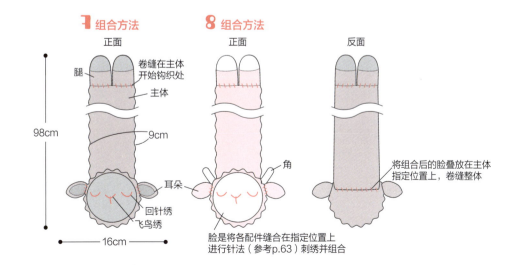

正面　　正面　　反面

腿
卷缝在主体开始钩织处
主体
98cm
9cm
16cm
回针绣
飞鸟绣
角
耳朵

脸是将各配件缝合在指定位置上
进行针法（参考p.63）刺绣并组合

将组合后的脸叠放在主体
指定位置上，卷缝整体

♀·10 / 白熊和狮子

图片 ... p.11

所需材料　藤久株式会社

♀ Wister Nostalgic tweedm/ 本白系 (67) 150g, Wister Araeru Merino 粗线 / 含羞草黄 (109)、藏蓝色 (114)、黑色 (120) 各5g

10 Wister Nostalgic tweed/ 黄色系 (63) 165g, 米色系 (67) 5g, Wister Araeru Merino 粗线 / 黑色 (120) 5g

♀·10 通用
四孔纽扣 15mm/ 黑色各2个, 按扣 25mm/各1对, 手工棉各10g

针 **♀** 8/0、9/0号钩针
10 9/0号钩针
密度 (10cm×10cm) 花样 /16针 ×6.5行
完成尺寸 宽10cm, 长89.5cm

钩织方法 (未特别指定的内容, ♀、10 的钩织方法通用)
1 钩织主体
从2条前腿开始钩织。环形起针, 钩织往返圈

钩。待钩完第2条腿后起4针锁针, 继续往返圈钩, 直至钩完后腿。
2 钩织各配件
钩织耳朵、鼻子、尾巴, ♀是钩织围巾。
3 组合
将组合好的脸、尾巴和♀的围巾缝合在主体指定位置上。在主体的正面和反面钉缝按扣组合起来。

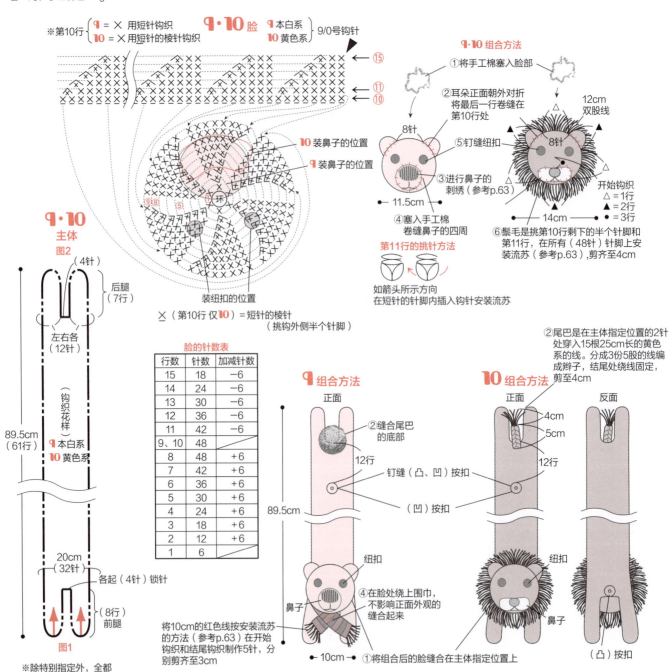

※第10行 { ♀ = × 用短针钩织
10 = × 用短针的棱针钩织 }

♀·10 脸 ♀ 本白系　10 黄色系　9/0号钩针

⑮ ⑪ ⑩

10 装鼻子的位置
♀ 装鼻子的位置

× （第10行 仅10）= 短针的棱针 （挑钩外侧半个针脚）

装纽扣的位置

♀·10 主体
图2
（4针）
后腿（7行）
左右各（12针）
（钩织花样）♀ 本白系　10 黄色系
89.5cm（61行）
20cm（32针）
各起（4针）锁针
（8行）前腿
图1
※除特别指定外, 全都用9/0号钩针钩织

脸的针数表

行数	针数	加减针数
15	18	−6
14	24	−6
13	30	−6
12	36	−6
11	42	−6
9、10	48	
8	48	+6
7	42	+6
6	36	+6
5	30	+6
4	24	+6
3	18	+6
2	12	+6
1	6	

♀·10 组合方法
①将手工棉塞入脸部
②耳朵正面朝外对折将最后一行卷缝在第10行处
⑤钉缝纽扣
③进行鼻子的刺绣（参考p.63）
④塞入手工棉卷缝鼻子的四周
8针
11.5cm

12cm 双股线
8针
开始钩织
△ =1行
▲ =2行
● =3行
14cm
⑥鬃毛是挑第10行剩下的半个针脚和第11行, 在所有（48针）针脚上安装流苏（参考p.63）, 剪齐至4cm

第11行的挑针方法
如箭头所示方向
在短针的针脚内插入钩针安装流苏

②尾巴是在主体指定位置的2针处穿入15根25cm长的黄色系的线。分成3份5股的线编成辫子, 结尾处绕线固定, 剪齐至4cm

♀组合方法
正面
②缝合尾巴的底部
12行
钉缝（凸、凹）按扣
（凹）按扣
89.5cm
纽扣
鼻子
④在脸处绕上围巾, 不影响正面外观的缝合起来
①将组合后的脸缝合在主体指定位置上
将10cm的红色线按安装流苏的方法（参考p.63）在开始钩织和结尾钩织制作5针, 分别剪齐至3cm
10cm

10组合方法
正面　反面
4cm
5cm
12行
纽扣
鼻子
（凸）按扣

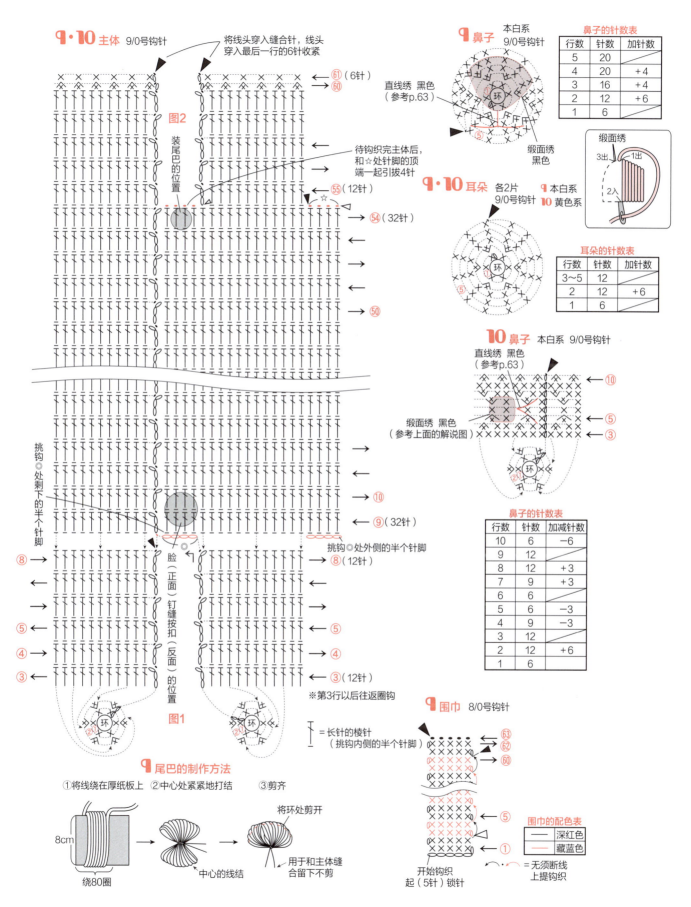

9・10主体 9/0号钩针

将线头穿入缝合针，线头穿入最后一行的6针收紧

图2

装尾巴的位置

待钩织完主体后，和☆处针脚的顶端一起引拔4针

← ㉖（6针）
→ ㉕

←

→

← ㉕（12针）

→ ㉔（32针）

←

←

→

→ ㉕

←

挑钩◎处剩下的半个针脚

→

←

→ ⑩

← ⑨（32针）

挑钩◎处外侧的半个针脚

⑧ →

← ⑧（12针）

⑤ →

④ →

③ ←

脸（正面）钉缝按扣（反面）的位置

图1

→ ⑤

← ④

→ ③（12针）

※第3行以后往返圈钩

9鼻子 本白系 9/0号钩针

直线绣 黑色（参考p.63）

缎面绣 黑色

鼻子的针数表

行数	针数	加针数
5	20	
4	20	+4
3	16	+4
2	12	+6
1	6	

缎面绣

3出 1出

2入

9・10耳朵 各2片 9/0号钩针
9 本白系
10 黄色系

耳朵的针数表

行数	针数	加针数
3～5	12	
2	12	+6
1	6	

10鼻子 本白系 9/0号钩针

直线绣 黑色（参考p.63）

缎面绣 黑色（参考上面的解说图）

鼻子的针数表

行数	针数	加减针数
10	12	−6
9	12	
8	12	+3
7	9	+3
6	6	
5	6	−3
4	9	−3
3	12	
2	12	+6
1	6	

9尾巴的制作方法

①将线绕在厚纸板上 ②中心处紧紧地打结 ③剪齐

8cm

绕80圈

中心的线结

将环处剪开

用于和主体缝合留下不剪

9围巾 8/0号钩针

= 长针的棱针（挑钩内侧的半个针脚）

← ㉖
→ ㉕
→ ㉔

← ⑤

← ①

围巾的配色表

—	深红色
—	藏蓝色

= 无须断线上提钩织

开始钩织起（5针）锁针

11·12 / 火烈鸟和鹦鹉

图片 & 重点课程 ... p.12,13 & p.27,28

所需材料　和麻纳卡（HAMANAKA）株式会社

11 Amerry/ 粉色 (7)95g，梅子红 (32)50g，珊瑚粉 (27)20g，奶油色 (2)10g，咖啡褐色 (36)50g

12 Amerry/ 草绿色 (13)95g，绿色 (14)50g，森林绿 (34)15g，橙色 (4)、柠檬黄 (25) 各 10g

11·12 通用

水晶眼 12mm/ 透明各 2 个，按扣 18mm/ 各 1 个，手工棉各 10g

针　3/0、6/0 号钩针
密度 (10cm×10cm)　花样 /16 针 ×6.5 行
完成尺寸
11　宽 10cm，长 89cm
12　宽 10cm，长 91cm

钩织方法 (未特别指定的内容，**11**、**12** 的钩织方法通用)

1　钩织底座
起 10 针锁针，按花样钩织 72 行。钩织 2 片相同的织片。

2　钩织羽毛
挑底座的针脚，钩织 1 行内侧羽毛①。接着挑

内侧羽毛①的针脚钩织 1 行外侧羽毛。同样地钩织内侧羽毛②和外侧羽毛②。

3　钩织各配件
钩织脸、头、嘴巴。

4　组合
将 2 片带有羽毛的底座正面朝外，挑外侧羽毛①、②的针脚，在外侧羽毛的四周钩织棱针的短针。接着挑 2 片内侧羽毛①、②的针脚，在底座四周钩织短针的同时塞入手工棉。脸部安装水晶眼和嘴巴，塞入手工棉的同时缝合底座。最后将暗扣钉缝在指定位置上进行组合。

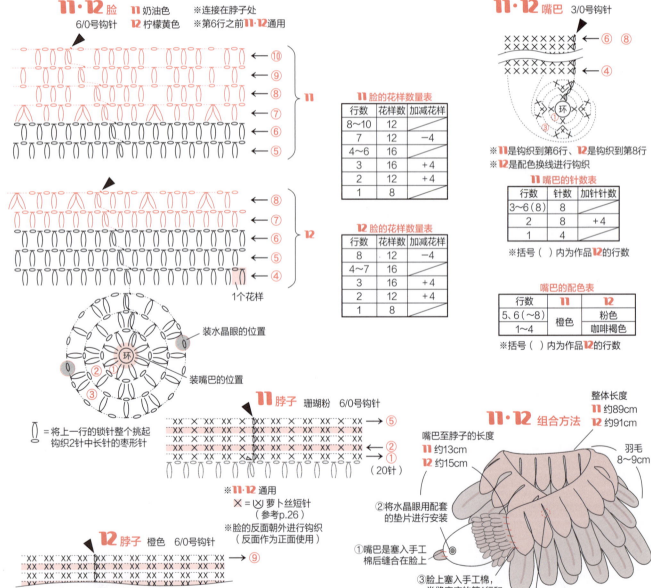

11·12 脸　**11** 奶油色　**12** 柠檬黄色
6/0 号钩针
※连接在脖子处
※第 6 行之前 **11·12** 通用

11 脸的花样数量表

行数	花样数	加减花样
8~10	12	
7	12	−4
4~6	16	
3	16	+4
2	12	+4
1	8	

12 脸的花样数量表

行数	花样数	加减花样
8	12	−4
4~7	16	
3	16	+4
2	12	+4
1	8	

1 个花样

装水晶眼的位置
装嘴巴的位置

$\bigcup$ = 将上一行的锁针整个挑起钩织 2 针中长针的枣形针

11·12 嘴巴　3/0 号钩针
※**11** 是钩织到第 6 行，**12** 是钩织到第 8 行
※**12** 是配色换线进行钩织

11 嘴巴的针数表

行数	针数	加针针数
3~6(8)	8	
2	8	+4
1	4	

※括号 ( ) 内为作品 **12** 的行数

嘴巴的配色表

行数	11	12
5、6(~8)	橙色	粉色
1~4	咖啡褐色	咖啡褐色

※括号 ( ) 内为作品 **12** 的行数

11 脖子　珊瑚粉　6/0 号钩针
(20针)

※**11·12** 通用
✕ = ⊻ 萝卜丝短针 (参考 p.26)
※脸的反面朝外进行钩织 (反面作为正面使用)

12 脖子　橙色　6/0 号钩针
(24针)

11·12 组合方法

整体长度
11 约 89cm
12 约 91cm

嘴巴至脖子的长度
11 约 13cm
12 约 15cm

羽毛
8~9cm

②将水晶眼用配套的垫片进行安装

①嘴巴是塞入手工棉后缝合在脸上

③脸上塞入手工棉，卷缝底座的第 1 行和脖子的编织结尾处

④钉缝按扣

38

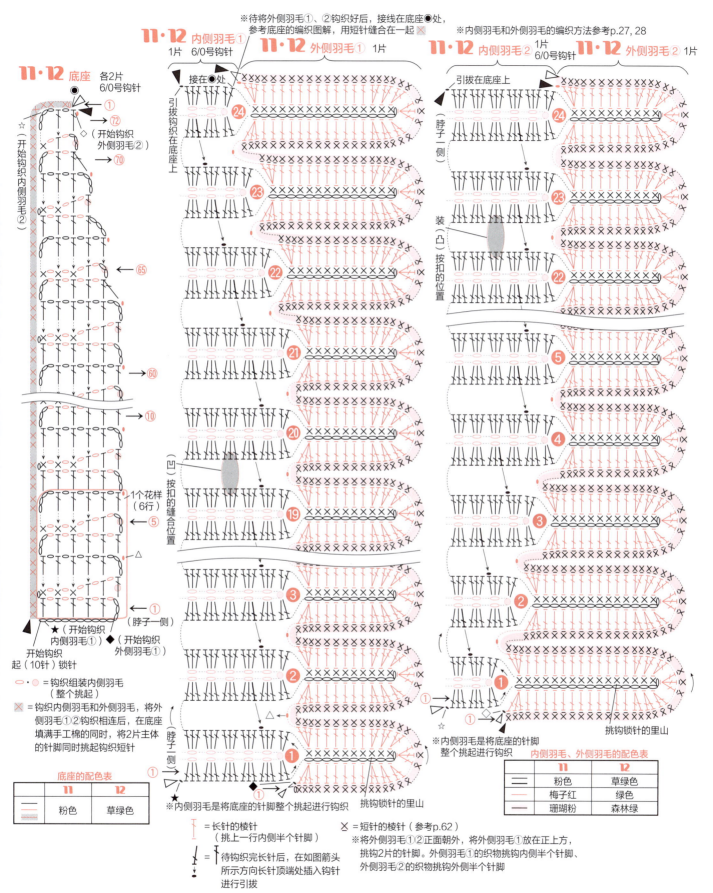

※待将外侧羽毛①、②钩织好后，接线在底座●处，
参考底座的编织图解，用短针缝合在一起 ☒

※内侧羽毛和外侧羽毛的编织方法参考p.27, 28

11·12 内侧羽毛① 1片 6/0号钩针

11·12 外侧羽毛① 1片

11·12 内侧羽毛② 1片 6/0号钩针

11·12 外侧羽毛② 1片

11·12 底座 各2片 6/0号钩针

接在●处

引拔钩织在底座上

引拔在底座上

（开始钩织内侧羽毛②）

◇ 开始钩织外侧羽毛②

（脖子一侧）

装（凸）按扣的位置

（凹）按扣的缝合位置

1个花样（6行）

★（开始钩织内侧羽毛①）　◆ 开始钩织外侧羽毛①

开始钩织起（10针）锁针

（脖子一侧）

※内侧羽毛是将底座的针脚整个挑起进行钩织

挑钩锁针的里山

※内侧羽毛是将底座的针脚整个挑起进行钩织

挑钩锁针的里山

○· = 钩织组装内侧羽毛（整个挑起）

☒ = 钩织内侧羽毛和外侧羽毛，将外侧羽毛①②钩织相连后，在底座填满手工棉的同时，将2片主体的针脚同时挑起钩织短针

底座的配色表

	11	**12**
—	粉色	草绿色
▨	粉色	草绿色

内侧羽毛、外侧羽毛的配色表

	11	**12**
—	粉色	草绿色
—	梅子红	绿色
—	珊瑚粉	森林绿

┃ = 长针的棱针（挑上一行内侧半个针脚）

= 待钩织完长针后，在如图箭头所示方向长针顶端处插入钩针进行引拔

╳ = 短针的棱针（参考p.62）

※将外侧羽毛①②正面朝外，将外侧羽毛①放在正上方，挑钩2片的针脚。外侧羽毛①的织物挑钩内侧半个针脚、外侧羽毛②的织物挑钩外侧半个针脚

17·18 / 猫和狗

17 图片 … p.18　18 图片 … p.19

所需材料　和麻纳卡（HAMANAKA）株式会社
17 Amerry/ 土黄色（41）95g，巧克力棕（9）
40g，灰色（22）15g，本白色（20）、黑色（52）
少许；玻璃猫眼 13.5mm/ 黄色 2 个，双孔纽
扣 18mm/ 茶色 1 个，手工棉适量
18 franc/ 白色（201）102g，水晶眼 16.5mm/
棕色 2 个，玩偶用鼻子 12mm/ 棕色 1 个，双
孔纽扣 18mm/ 茶色 1 个，手工棉适量

针 17 6/0 号钩针、**18** 5/0 号钩针

密度（10cm×10cm）17 长针 /19 针 ×9.5 行、
18 长针 /19 针 ×8.9 行
完成尺寸 17 宽 11.5cm，长 90cm
18 宽 12cm，长 90cm

钩织方法（未特别指定的内容，**17·18** 的钩织方
法通用）
1　钩织主体
锁针起针圈钩，长针不加不减针地钩织到指定行
数。作品 **17** 为双色条纹花样。
2　钩织腿
从主体的起针开始挑钩，钩织 4 条腿。

3　钩织各配件
17 是分别钩织脸、内耳、外耳、鼻子的底座、鼻
子、眼白、尾巴，内耳缝合在外耳上。**18** 是钩织
脸、耳朵、尾巴。
4　组合脸部
在脸部正面，**17** 是缝合鼻子的底座、鼻子、眼白，
在眼白上装玻璃猫眼。**18** 是装水晶眼和玩偶用
鼻子。将脸部的织物正面朝外塞入手工棉进行卷
缝。缝合耳朵，进行刺绣后组合。
5　组合
参考组合图在主体上缝合尾巴和组合好的脸，在
反面缝上纽扣进行组合。

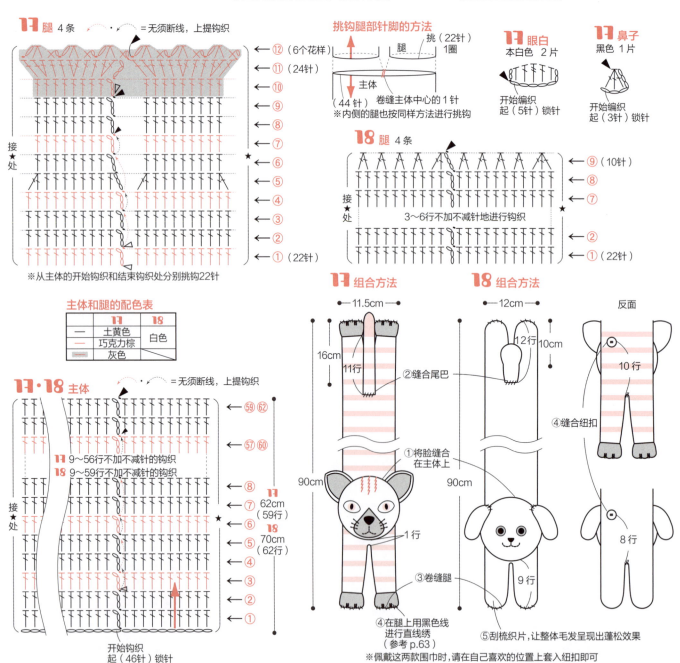

40

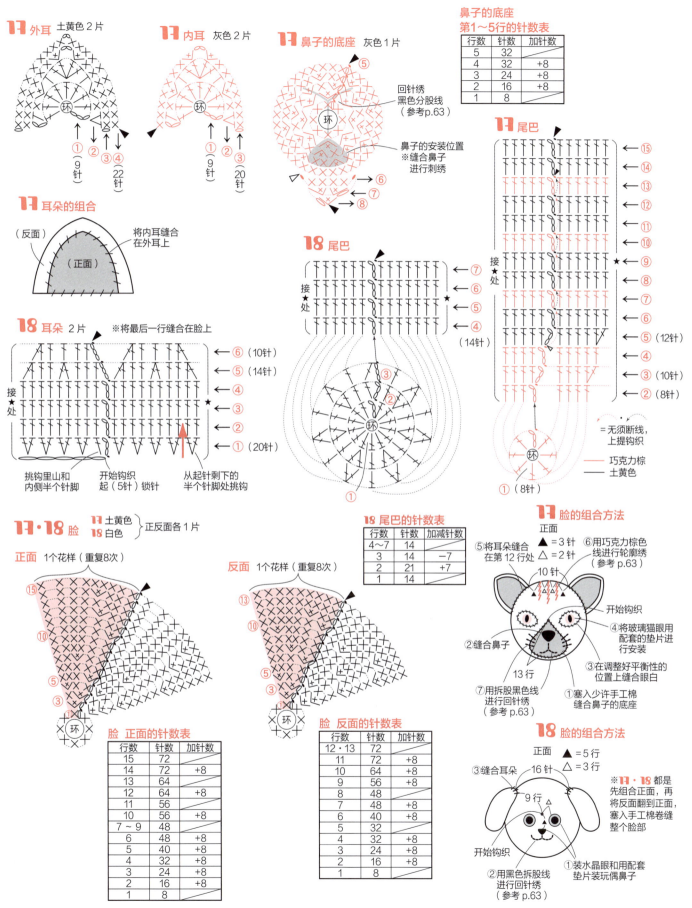

图片 & 重点课程 ... p.20,21 & p.28

所需材料 DARUMA
19 Soft Tam/ 含羞草黄 (15)120g, GEN MOU/ 胡萝卜色 (19)15g、柠檬色 (21)10g
20 Soft Tam/ 本白色 (1)120g, 含羞草黄 (15) 25g
19·20 通用
四孔纽扣 15mmm/ 黑色透明各 2 个, 手工棉 适量

针 8/0 号钩针
密度 (10cm×10cm) 花样 /14 针 ×6 行
完成尺寸 宽 12cm, 长 90cm

钩织方法(未特别指定的内容, **19·20** 的钩织 方法通用)
1 钩织主体
环形起针开始钩织。第 4 行前为分散加针, 第 5 ~ 42 行为不加不减针钩织。钩织结尾是将线 穿入最后一行的针脚的顶端后收紧。
2 钩织脸、嘴巴
脸是环形起针用中长针加减针进行钩织, 接着 用短针钩织嘴巴。嘴巴是在钩织过程中分为 2 片钩织, 组合。作品 **19** 是在脸部的指定位置 上装流苏。

3 钩织蹼
待钩织完反面 2 片、正面 2 片后, 将反面和正 面叠放起来, 钩织边缘的短针, 卷缝轴的部分。
4 组合
将头和蹼缝合在主体上, 在脸部缝合纽扣进行 组合。

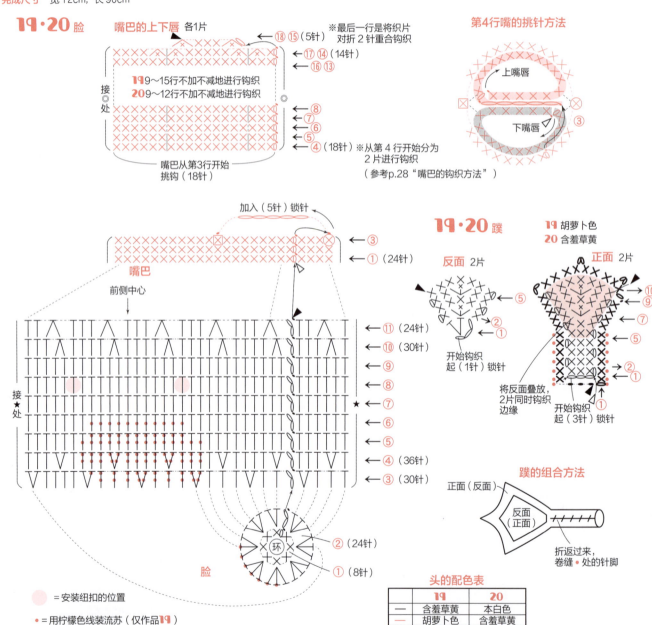

头的配色表

	19	20
—	含羞草黄	本白色
—	胡萝卜色	含羞草黄

= 安装纽扣的位置

• = 用柠檬色线装流苏（仅作品 **19**）

※用双股线制作流苏（流苏的制作方法请参照 p.63）
头部的中长针是将针脚劈开装
腿部的中长针是整个装在针脚上

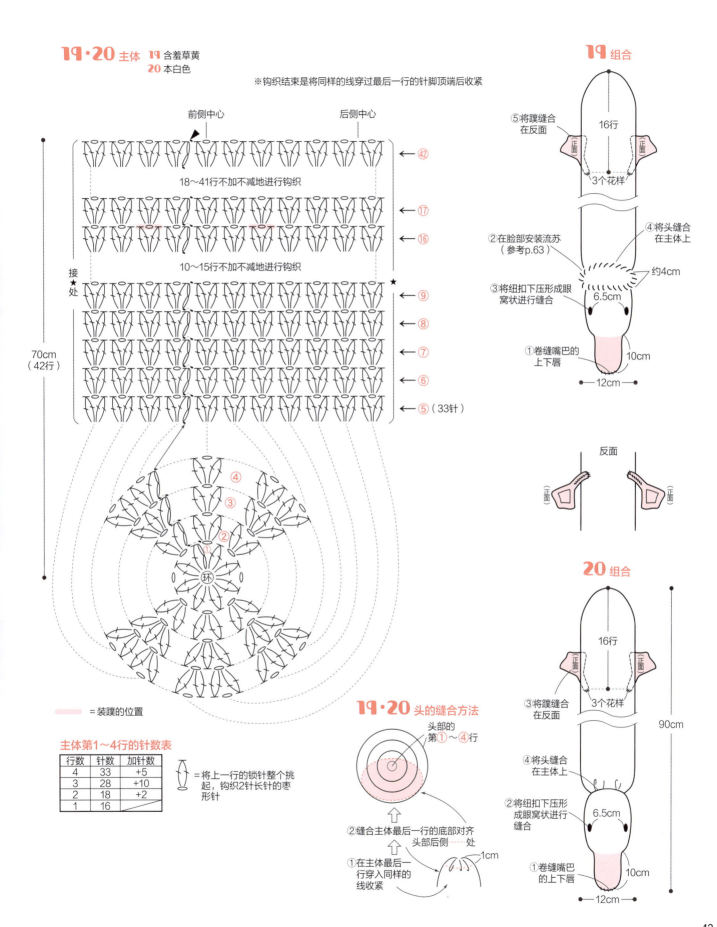

21·22 / 大象和犀牛

图片 & 重点课程 … p.22,23 & p.29

所需材料　DARUMA

21 GEN MOU/ 亮灰色 (8)160g, Merino DK 粗线 / 本白色 (1)、灰色 (15) 各 5g

22 GEN MOU/ 天蓝色 (20)160g, Shetland Wool/ 薄荷绿 (7)、雾绿色 (16) 各 5g, 小卷 Cafe Demi/ 棕色 (30) 少许

21·22 通用

手工棉各 10g, 眼睛纽扣 10mm 平底半圆 / 黑色各 2 个

针　7/0 号钩针

密度 (10cm×10cm)　花样 /20 针 ×12 行

完成尺寸　宽 11.5cm, 长 121.5cm

钩织方法 (未特别指定的内容，**21·22** 的钩织方法通用)

1　钩织腿

环形起针，配色换线钩织 13 行。相同织物钩织 4 个。

2　钩织主体

从后腿方向开始钩织主体。用 3 针锁针将 2 条腿相连钩织在一起，不加减针的钩织 124 行。

3　钩织各配件

参考图解分别钩织。**21** 的鼻头钩织方法参考 p.29。

4　组合

将钩织在一起 2 条腿卷缝在主体钩织结束的一侧。将组合的脸、尾巴缝合组装在主体上。

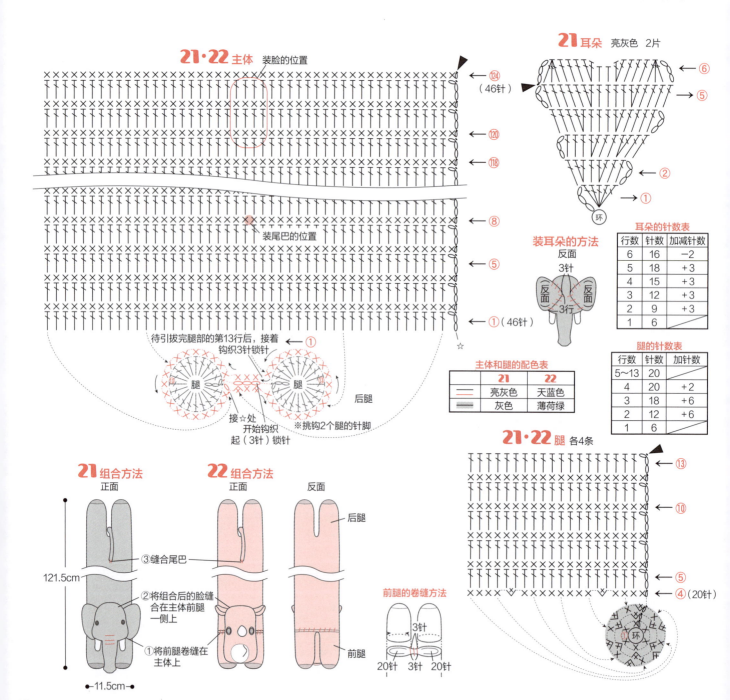

21·22 主体　装脸的位置

装尾巴的位置

待引拔完腿部的第 13 行后，接着钩织 3 针锁针

①

接 ☆ 处
开始钩织
起（3 针）锁针

※挑钩 2 个腿的针脚

前腿
后腿

21 耳朵　亮灰色　2 片

装耳朵的方法
反面
3 针
反面　反面
3 行

耳朵的针数表

行数	针数	加减针数
6	16	−2
5	18	+3
4	15	+3
3	12	+3
2	9	+3
1	6	/

主体和腿的配色表

	21	22
—	亮灰色	天蓝色
━	灰色	薄荷绿

腿的针数表

行数	针数	加针数
5~13	20	/
4	20	+2
3	18	+6
2	12	+6
1	6	/

21·22 腿　各 4 条

21 组合方法
正面

121.5cm

③缝合尾巴
②将组合后的脸缝合在主体前腿一侧上
①将前腿卷缝在主体上

←11.5cm→

22 组合方法
正面　反面

后腿
前腿

前腿的卷缝方法
3 针
20 针　3 针　20 针

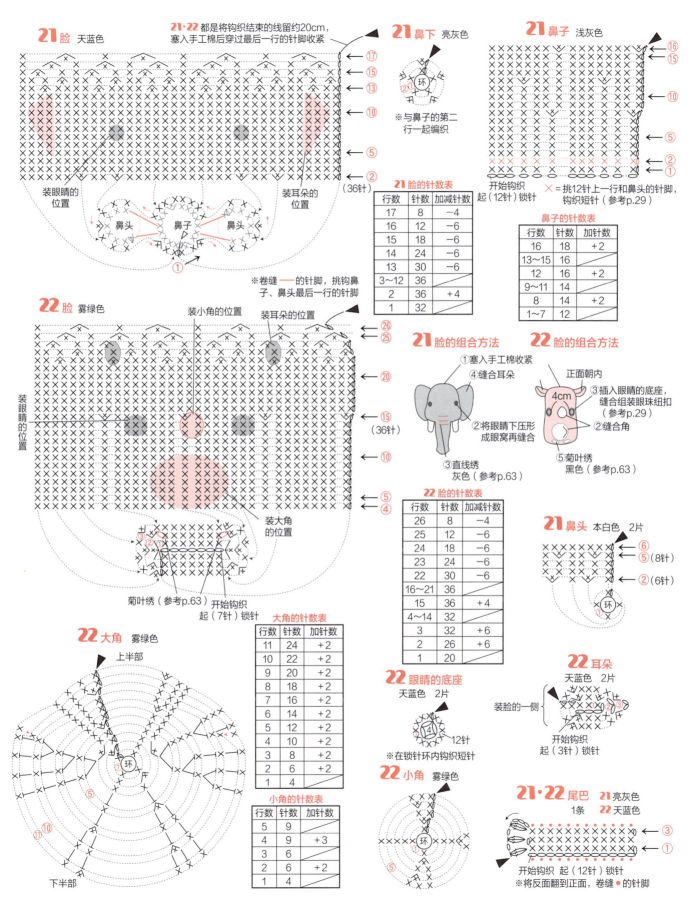

21 脸 天蓝色

21·22 都是将钩织结束的线留约20cm，塞入手工棉后穿过最后一行的针脚收紧

21 鼻下 亮灰色

※与鼻子的第二行一起编织

21 鼻子 浅灰色

装眼睛的位置

装耳朵的位置

鼻头　鼻子　鼻头

※卷缝 —— 的针脚，挑钩鼻子、鼻头最后一行的针脚

开始钩织　起（12针）锁针

✕ = 挑12针上一行和鼻头的针脚，钩织短针（参考p.29）

21 脸的针数表

行数	针数	加减针数
17	8	-4
16	12	-6
15	18	-6
14	24	-6
13	30	-6
3~12	36	
2	36	+4
1	32	

鼻子的针数表

行数	针数	加针数
16	18	+2
13~15	16	
12	16	+2
9~11	14	
8	14	+2
1~7	12	

22 脸 雾绿色

装小角的位置

装耳朵的位置

装眼睛的位置

装大角的位置

菊叶绣（参考p.63）　开始钩织　起（7针）锁针

21 脸的组合方法

①塞入手工棉收紧
④缝合耳朵
②将眼睛下压形成眼窝再缝合
③直线绣 灰色（参考p.63）

22 脸的组合方法

正面朝内
4cm
③插入眼睛的底座，缝合组装眼珠纽扣（参考p.29）
②缝合角
⑤菊叶绣 黑色（参考p.63）

22 脸的针数表

行数	针数	加减针数
26	8	-4
25	12	-6
24	18	-6
23	24	-6
22	30	-6
16~21	36	
15	36	+4
4~14	32	
3	32	+6
2	26	+6
1	20	

21 鼻头 本白色 2片

（8针）
（6针）

22 大角 雾绿色

上半部
下半部

大角的针数表

行数	针数	加针数
11	24	+2
10	22	+2
9	20	+2
8	18	+2
7	16	+2
6	14	+2
5	12	+2
4	10	+2
3	8	+2
2	6	+2
1	4	

小角的针数表

行数	针数	加针数
5	9	
4	9	+3
3	6	
2	6	+2
1	4	

22 眼睛的底座 天蓝色 2片

12针
※在锁针环内钩织短针

22 小角 雾绿色

22 耳朵 天蓝色 2片

装脸的一侧
开始钩织　起（3针）锁针

21·22 尾巴 21 亮灰色 22 天蓝色 1条

开始钩织 起（12针）锁针
※将反面翻到正面，卷缝 ● 的针脚

1·2 / 树懒和红毛猩猩

图片 ... p.4,5

所需材料　DARUMA

1 GEN MOU/ 暗黄色（16）140g, Airy Woll Alpaca/ 本白色（1）15g, 棕色（3）, 深灰色（8）各5g, 小卷 Cafe Demi/ 棕色（30）少许

2 GEN MOU/ 深橙色（18）140g, Soft Lambs/ 香草色（8）20g, 胡萝卜色（26）5g

1·2通用
手工棉，眼睛纽扣 10mm 平底半圆 / 黑色各2个

针 1 7/0号钩针
2 6/0、7/0号钩针

密度（10cm×10cm）花样 /18针 ×17行
完成尺寸 宽10cm，长94cm

钩织方法（未特别指定的内容，**1·2** 的钩织方法通用）

1 钩织手指、腿
参考编织图解钩织手指，挑手指的针脚钩织 4 条腿。

2 钩织主体
挑 2 条后腿的针脚按花样钩织 121 行。

3 钩织各配件
按指定的配色钩织各配件。

4 组合
参考组合方法图示，组合脸部，将脸和其他配件缝合在主体上。

手指 本白色　12根

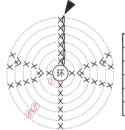

手指的针数表

行数	针数	加针数
6	8	
5	8	+2
3·4	6	
2	6	+2
1	4	

× = 短针的棱针（参考p.26）
※**1·2** 均为通用

1·2主体（花样编织）　※反面作为正面使用

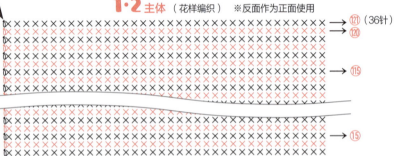

→ ⑫⑴ （36针）
→ ⑫⓪
→ ⑪⑤
→ ⑮
→ ⑩
→ ⑤
→ ② （36针）

☆ 装尾巴的位置
⑱ 后腿　⑱ 后腿　①
①→　开始钩织 起（6针）锁针
接☆处
引拔在后腿的第18行，钩织6针锁针

1 暗黄色
2 深橙色（7/0号钩针）
※2条（12针）腿部针脚和（6针）锁针共挑钩（36针）

腿　左右前腿 各1条　后腿 2条

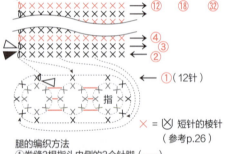

左前腿　后腿　右前腿
→ ⑫　⑱　㉜
→ ④
→ ③
← ②
← ① （12针）

腿的编织方法
①卷缝3根指头内侧的3个针脚（—）。
②从3根指头的针脚处挑钩12个针脚圈钩2行短针。
③从第3行开始将环的反面翻至正面钩织指定的行数。（使用将织物反面翻到正面）白色

× = 短针的棱针（参考p.26）

腿的配色表

行数	颜色
3~12、18、32	暗黄色
1、2	本白色

脸 正面、反面各1片

※正面 { 本白色 } 钩至第11行（反面当作正面使用）
　　　{ 暗黄色 }
反面　暗黄色　钩至第10行（全部钩织短针）

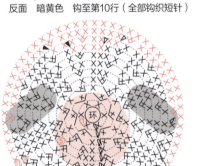

装眼睛的位置
装嘴巴的位置
× = 短针的棱针（参考p.26）

脸的针数表

行数	针数	加针数
11	60	
10	60	+6
9	54	+6
8	48	+6
7	42	+6
6	36	+6
5	30	+6
4	24	+6
3	18	+6
2	12	+6
1	6	

眼睛 深棕色　2片

← ②
→ ①
开始钩织
起（5针）锁针

尾巴 暗黄色　1根
※将反面当作正面使用

× = 短针的棱针（参考p.26）

← ⑧
← ⑤

尾巴的针数表

行数	针数	加针数
3~8	12	
2	12	+6
1	6	

嘴巴 棕色　1片
装鼻子的位置

嘴巴的针数表

行数	针数	加针数
4	18	
3	18	+6
2	12	+6
1	6	

回针绣（参考p.63）

鼻子
棕色双股　1个

← ①
开始钩织
起（2针）锁针

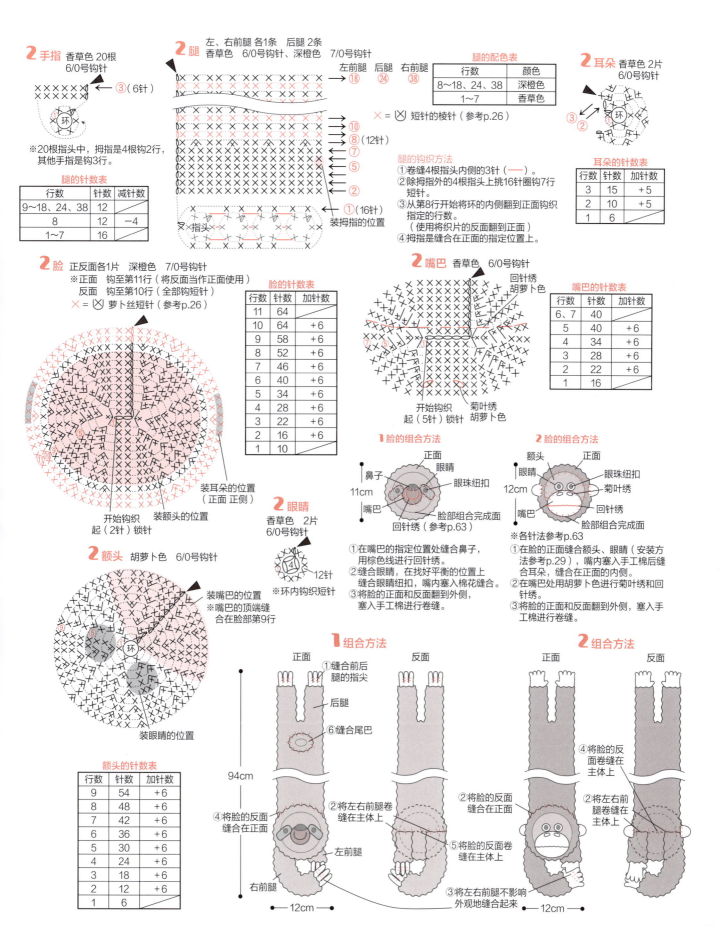

2 手指 香草色 20根
6/0号钩针

←③(6针)
环

※20根指头中，拇指是4根钩2行，
其他手指是钩3行。

腿的针数表

行数	针数	减针数
9~18、24、38	12	
8	12	-4
1~7	16	

2 腿 左、右前腿 各1条 后腿 2条
香草色 6/0号钩针、深橙色 7/0号钩针

左前腿 后腿 右前腿
→⑱ ⑭ ⑱

→⑱
→⑩
→⑧ (12针)
→⑦
←⑤
←④
←③
←②
←①(16针)
指头 装拇指的位置

× = ⋈ 短针的棱针（参考p.26）

腿的配色表

行数	颜色
8~18、24、38	深橙色
1~7	香草色

腿的钩织方法
①卷缝4根指头内侧的3针（—）。
②除拇指外的4根指头上挑16针圈钩7行
短针。
③从第8行开始将环的内侧翻到正面钩织
指定的行数。
（使用将织片的反面翻到正面）
④拇指是缝合在正面的指定位置上。

2 耳朵 香草色 2片
6/0号钩针

③
②
环

耳朵的针数表

行数	针数	加针数
3	15	+5
2	10	+5
1	6	

2 脸 正反面各1片 深橙色 7/0号钩针
※正面 钩至第11行（将反面当作正面使用）
反面 钩至第10行（全部钩短针）
× = ⋈ 萝卜丝短针（参考p.26）

脸的针数表

行数	针数	加针数
11	64	
10	64	+6
9	58	+6
8	52	+6
7	46	+6
6	40	+6
5	34	+6
4	28	+6
3	22	+6
2	16	+6
1	10	

装耳朵的位置
（正面 正侧）
开始钩织
起（2针）锁针
装额头的位置

2 眼睛 香草色 2片
6/0号钩针

④
12针
※环内钩织短针

2 额头 胡萝卜色 6/0号钩针

装嘴巴的位置
※嘴巴的顶端缝
合在脸部第9行

环

装眼睛的位置

额头的针数表

行数	针数	加针数
9	54	+6
8	48	+6
7	42	+6
6	36	+6
5	30	+6
4	24	+6
3	18	+6
2	12	+6
1	6	

2 嘴巴 香草色 6/0号钩针

回针绣
胡萝卜色

开始钩织
起（5针）锁针
菊叶绣
胡萝卜色

嘴巴的针数表

行数	针数	加针数
6、7	40	
5	40	+6
4	34	+6
3	28	+6
2	22	+6
1	16	

1 脸的组合方法

正面
鼻子
眼睛
眼珠纽扣
11cm
嘴巴
回针绣（参考p.63）
脸部组合完成面

①在嘴巴的指定位置处缝合鼻子，
用棕色线进行回针绣。
②缝合眼睛，在找好平衡的位置上
缝合眼睛纽扣，嘴内塞入棉花缝合。
③将脸的正面和反面翻到外侧，
塞入手工棉进行卷缝。

2 脸的组合方法

额头
正面
眼睛
眼珠纽扣
菊叶绣
12cm
回针绣
嘴巴
脸部组合完成面

※各针法参考p.63

①在脸的正面缝合额头、眼睛（安装方
法参考p.29），嘴内塞入手工棉后缝
合耳朵，缝合在正面的内侧。
②在嘴巴处用胡萝卜色进行菊叶绣和回
针绣。
③将脸的正面和反面翻到外侧，塞入手
工棉进行卷缝。

1 组合方法

正面 反面

①缝合前后
腿的指尖
后腿
⑥缝合尾巴

94cm

④将脸的反面
缝合在正面
左前腿
右前腿
②将左右前腿卷
缝在主体上
③将左右前腿不影响
外观地缝合起来

12cm

2 组合方法

正面 反面

④将脸的反
面卷缝在
主体上
②将脸的反面
缝合在正面
⑤将脸的反面卷
缝在主体上
③将左右前
腿卷缝在
主体上

12cm

5·6 / 狐狸和小熊猫

图片 ... p.8,9

所需材料　藤久株式会社

5　Wister Araeru Merino 粗线 / 芥末色 (105) 230g，黑色 (120)25g，白色 (101)20g，前茶色 (117)5g

6　Wister New Alpaca Merino/ 驼色 (33) 185g，灰色 (34)45g，灰白色 (31)30g，Wister Color Melange 粗线 / 红色系 (3)5g

5·6 通用

眼睛纽扣 13mm 平底半圆 / 黑色各 2 个，手工棉适量

针　6/0 号钩针

密度 (10cm×10cm)　长针 /17.5 针 ×9 行

完成尺寸　宽 12cm，长 115cm

钩织方法 (未特别指定的内容，5·6 的钩织方法通用)

1　钩织主体

圈钩起针，从脸一侧开始分别按指定配色钩织指定行数。

2　钩织各配件

按指定的配色钩织各配件。

3　组合

参考编织图解将各配件分别缝合在主体上。

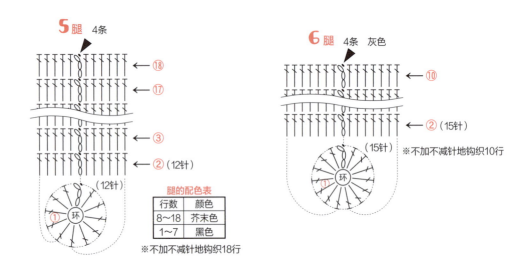

5 腿　4条

6 腿　4条　灰色

←⑱
←⑰
←③
←② (12针)
① 环 (12针)

※不加不减针地钩织18行

腿的配色表

行数	颜色
8~18	芥末色
1~7	黑色

←⑩
←② (15针)
① 环 (15针)

※不加不减针地钩织10行

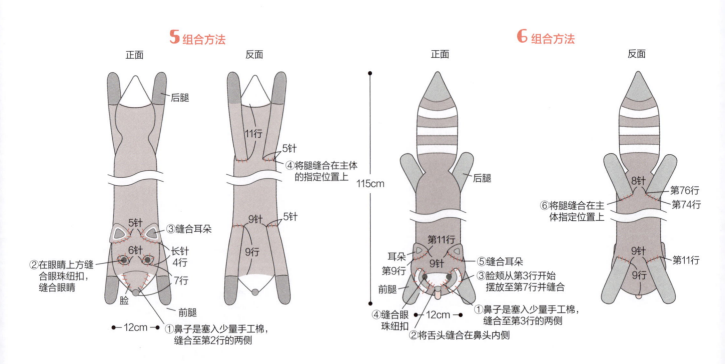

5 组合方法

正面　　反面

后腿
11行
5针
④将腿缝合在主体的指定位置上
5针
5针
②在眼睛上方缝合眼珠纽扣，缝合眼睛
6针
③缝合耳朵
长针 4行
7行
9针
9行
脸
前腿
←12cm→
①鼻子是塞入少量手工棉，缝合至第2行的两侧

6 组合方法

正面　　反面

115cm

后腿
8针　第76行
第74行
耳朵
第11行
第9行
9针
⑤缝合耳朵
③脸颊从第3行开始摆放至第7行并缝合
前腿
9针
9行
第11行
④缝合眼珠纽扣
①鼻子是塞入少量手工棉，缝合至第3行的两侧
②将舌头缝合在鼻头内侧
←12cm→

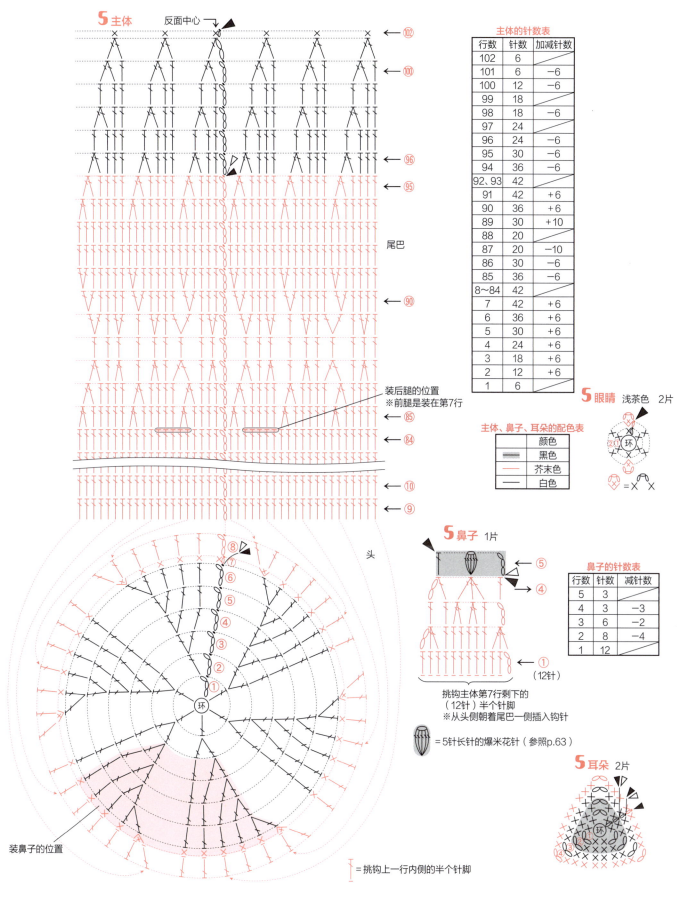

5 主体

反面中心

主体的针数表		
行数	针数	加减针数
102	6	
101	6	−6
100	12	−6
99	18	
98	18	−6
97	24	
96	24	−6
95	30	−6
94	36	−6
92、93	42	
91	42	+6
90	36	+6
89	30	+10
88	20	
87	20	−10
86	30	−6
85	36	−6
8～84	42	
7	42	+6
6	36	+6
5	30	+6
4	24	+6
3	18	+6
2	12	+6
1	6	

尾巴

装后腿的位置
※前腿是装在第7行

头

装鼻子的位置

5 眼睛 浅茶色 2片

主体、鼻子、耳朵的配色表

	颜色
▬	黑色
─	芥末色
─	白色

5 鼻子 1片

鼻子的针数表		
行数	针数	减针数
5	3	
4	3	−3
3	6	−2
2	8	−4
1	12	

（12针）

挑钩主体第7行剩下的
（12针）半个针脚
※从头侧朝着尾巴一侧插入钩针

= 5针长针的爆米花针（参照p.63）

5 耳朵 2片

= 挑钩上一行内侧的半个针脚

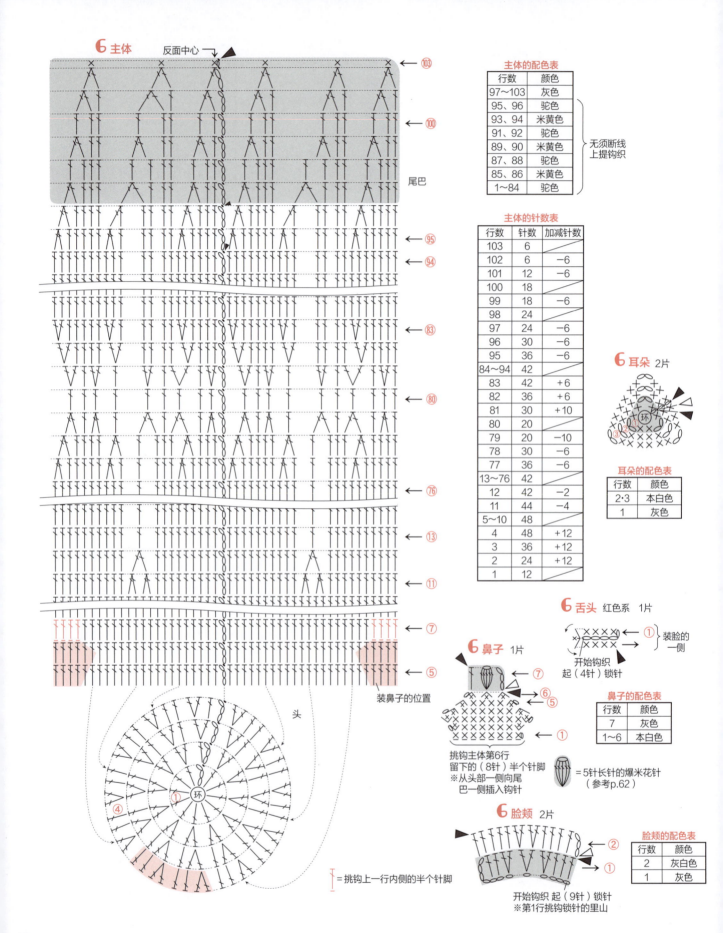

6 主体

反面中心

尾巴

← ⑩③

← ⑩⑩

← ⑨⑤
← ⑨④

← ⑧③

← ⑧⓪

← ⑦⑥

← ⑬

← ⑪

← ⑦

← ⑤

装鼻子的位置

头

主体的配色表	
行数	颜色
97～103	灰色
95、96	驼色
93、94	米黄色
91、92	驼色
89、90	米黄色
87、88	驼色
85、86	米黄色
1～84	驼色

无须断线
上提钩织

主体的针数表		
行数	针数	加减针数
103	6	
102	6	−6
101	12	−6
100	18	
99	18	−6
98	24	
97	24	−6
96	30	−6
95	36	−6
84～94	42	
83	42	+6
82	36	+6
81	30	+10
80	20	
79	20	−10
78	30	−6
77	36	−6
13～76	42	
12	42	−2
11	44	−4
5～10	48	
4	48	+12
3	36	+12
2	24	+12
1	12	

6 耳朵 2片

耳朵的配色表	
行数	颜色
2·3	本白色
1	灰色

6 舌头 红色系 1片

← ①

装脸的
一侧

开始钩织
起（4针）锁针

6 鼻子 1片

← ⑦

← ⑥
← ⑤

← ①

挑钩主体第6行
留下的（8针）半个针脚
※从头部一侧向尾
巴一侧插入钩针

鼻子的配色表	
行数	颜色
7	灰色
1～6	本白色

= 5针长针的爆米花针
（参考p.62）

6 脸颊 2片

← ②

← ①

脸颊的配色表	
行数	颜色
2	灰白色
1	灰色

开始钩织 起（9针）锁针
※第1行挑钩锁针的里山

┃ = 挑钩上一行内侧的半个针脚

13·14 / 海獭和水獭
图片 … p.14,15

所需材料 藤久株式会社

13 Wister Color Melange 粗线 / 灰色系 (10) 170g、米色 (1)、茶色 (9) 各10g，黑灰色 (11) 5g

14 Wister Araeru Merino 粗线 / 浅茶色 (117) 185g，白色 (101) 20g，浅米色 (102) 10g，黑色 (120) 5g

13·14 通用
眼睛纽扣 13mm 平底半圆 / 黑色各2个，按扣13mm 各1个，手工棉各10g

针 6/0号钩针

密度（10cm×10cm） **13** 花样 /3.2花样 × 9行

14 花样 /2.9花样 ×9行

完成尺寸 **13** 宽11cm，长97cm

14 宽12cm，长97cm

钩织方法（未特别指定的内容，13·14 的钩织方法通用）

1 钩织主体
圈钩起针，长针和短针不加不减地钩织头部的

13行。接着按花样钩织，**13** 是62行，**14** 是60行，继续不加不减地钩织2行短针，15行长针的尾巴。最后将线穿过剩下的针脚收紧。

2 钩织各配件
分别按指定数量钩织组合眼睛、嘴巴、耳朵、胳膊、腿。**13** 还需钩织贝壳。

3 组合
挑头部棱针部分的针脚分别钩织脸蛋和鼻子部分，参考组合方法图和组合配件一起缝合在主体上。在指定位置上钉缝按扣进行组合。

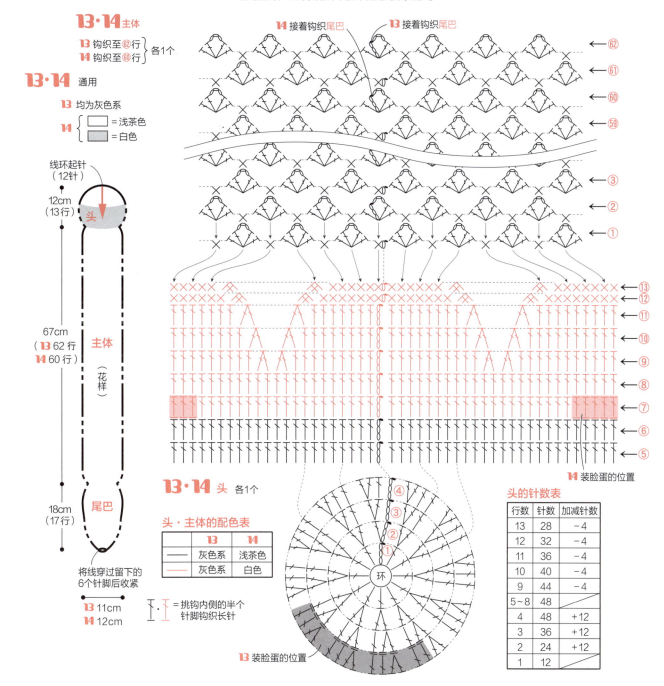

13·14 主体
- **13** 钩织至 62 行 } 各1个
- **14** 钩织至 60 行

13·14 通用

13 均为灰色系

14 { □ = 浅茶色 / ▨ = 白色 }

线环起针（12针）

12cm（13行） 头

67cm（**13** 62行 / **14** 60行）（花样） 主体

18cm（17行） 尾巴

将线穿过留下的6个针脚后收紧

13 11cm
14 12cm

13·14 头 各1个

头·主体的配色表

	13	**14**
─	灰色系	浅茶色
─	灰色系	白色

⊥ · = 挑钩内侧的半个针脚钩织长针

14 接着钩织尾巴　　**13 接着钩织尾巴**

← 62
← 61
← 60
← 59

← 3
← 2
← 1

← 13
← 12
← 11
← 10
← 9
← 8
← 7
← 6
← 5

14 装脸蛋的位置

环

13 装脸蛋的位置

头的针数表

行数	针数	加减针数
13	28	−4
12	32	−4
11	36	−4
10	40	−4
9	44	−4
5~8	48	
4	48	+12
3	36	+12
2	24	+12
1	12	

51

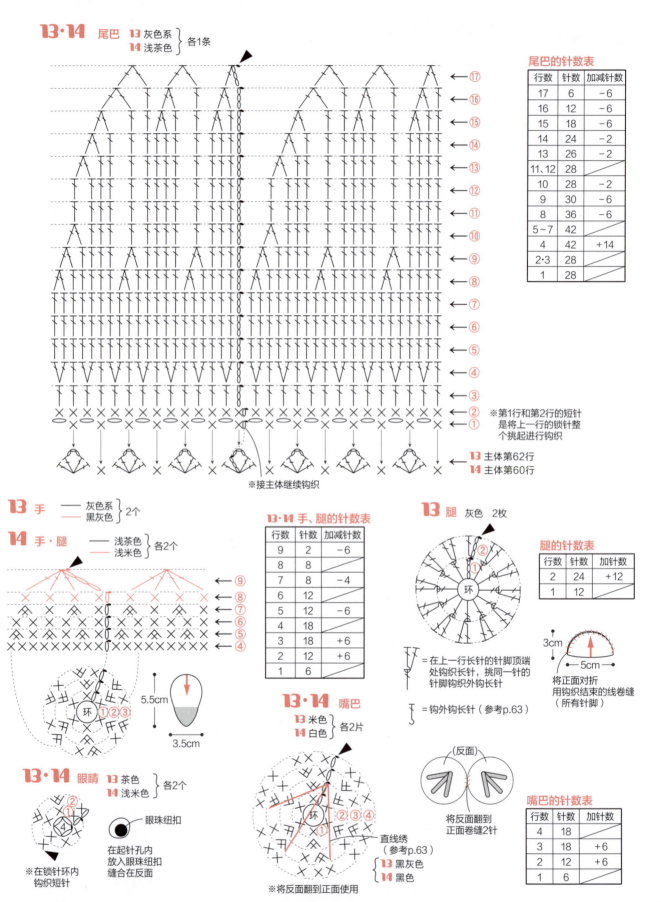

13·14 尾巴 **13** 灰色系 }各1条
　　　　　　14 浅茶色

尾巴的针数表

行数	针数	加减针数
17	6	−6
16	12	−6
15	18	−6
14	24	−2
13	26	−2
11、12	28	
10	28	−2
9	30	−6
8	36	−6
5~7	42	
4	42	+14
2·3	28	
1	28	

←⑰
←⑯
←⑮
←⑭
←⑬
←⑫
←⑪
←⑩
←⑨
←⑧
←⑦
←⑥
←⑤
←④
←③
←②　※第1行和第2行的短针
←①　　是将上一行的锁针整
　　　　个挑起进行钩织

←**13** 主体第62行
←**14** 主体第60行

※接主体继续钩织

13 手 ─ 灰色系 }2个
　　　　─ 黑灰色

14 手·腿 ─ 浅茶色 }各2个
　　　　　─ 浅米色

←⑨
←⑧
←⑦
←⑥
←⑤
←④

13·14 手、腿的针数表

行数	针数	加减针数
9	2	−6
8	8	
7	8	−4
6	12	
5	12	−6
4	18	
3	18	+6
2	12	+6
1	6	

环 ①②③

5.5cm

3.5cm

13 腿 灰色 2枚

环

腿的针数表

行数	针数	加针数
2	24	+12
1	12	

= 在上一行长针的针脚顶端
处钩织长针，挑同一针的
针脚钩织外钩长针

= 钩外钩长针（参考p.63）

3cm

5cm

将正面对折
用钩织结束的线卷缝
（所有针脚）

13·14 嘴巴
13 米色 }各2片
14 白色

环 ①②③④

直线绣
（参考p.63）
}**13** 黑灰色
　14 黑色

※将反面翻到正面使用

（反面）

将反面翻到
正面卷缝2针

嘴巴的针数表

行数	针数	加针数
4	18	
3	18	+6
2	12	+6
1	6	

13·14 眼睛 **13** 茶色 }各2个
　　　　　14 浅米色

环 ④ ①②

※在锁针环内
钩织短针

眼珠纽扣

在起针孔内
放入眼珠纽扣
缝合在反面

13 脸蛋 　— 米色　— 黑灰色 }1片

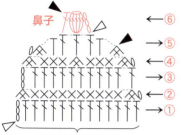

鼻子

→⑥
→⑤
→④
→③
←②
→①

脸蛋的针数表

行数	针数	减针数
6	3	−4
5	7	−2
4	9	−3
3	12	
2	12	−2
1	14	

 ＝5针长针的
爆米花针
（参考p.62）

※从头部第4行棱针的半个针脚
处开始挑钩（14针）
此时，从尾巴一侧开始向着头
一侧插入钩针

14 脸蛋 　— 浅茶色　— 黑色 }1片

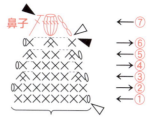

鼻子

←⑦
→⑥
←⑤
→④
←②
←①

脸蛋的针数表

行数	针数	减针数
7	3	
6	3	−1
5	4	−2
4	6	
3	6	−2
2	8	
1	8	

＝5针长针的
爆米花针
（参考p.62）

※从头部第74行棱针的半个
针脚处开始挑钩（8针）
此时，从头部一侧开始向
着尾巴一侧插入钩针

13 贝壳 茶色 2片

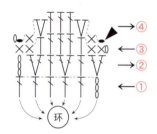

→④
←③
→②
←①

环

将2片正面对齐
塞入手工棉
卷缝四周

4.5cm

手工棉

←5.5cm→

13 耳 灰色系 2片

①
环

14 耳 浅茶色 2片

②
①
环

13 组合方法　　　**14 组合方法**

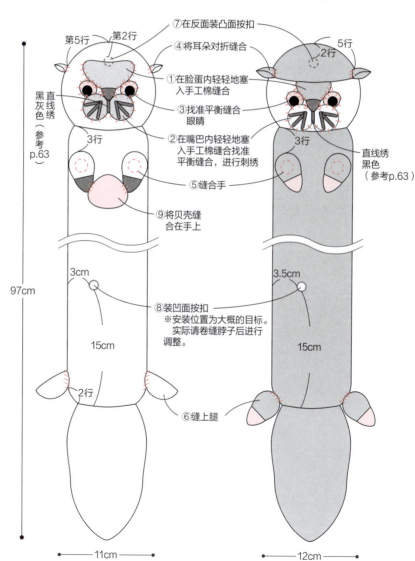

⑦在反面装凸面按扣
④将耳朵对折缝合
①在脸蛋内轻地塞入手工棉缝合
③找准平衡缝合眼睛
②在嘴巴内轻地塞入手工棉缝合找准平衡缝合，进行刺绣
⑤缝合手
⑨将贝壳缝合在手上

第5行　第2行
黑灰色　直线绣（参考p.63）
3行
2行

97cm
11cm

3cm
15cm
⑥缝上腿

⑧装凹面按扣
※安装位置为大概的目标。
实际请卷缝脖子后进行
调整。

5行
2行
3行
直线绣 黑色（参考p.63）
3.5cm
15cm
12cm

15·16 / 兔子和松鼠

图片 ... p.16,17

所需材料 和麻纳卡(HAMANAKA)株式会社
15 EXCEED WOOL (中粗) / 桃粉(235)135g,
白色(201)10g,摩卡色(203)少许,20mm
双孔纽扣1个
16 EXCEED WOOL (中粗) / 驼色(205)140g,
深棕色(248)10g,白色(201)5g,芥末色
(243)少许,摩卡色(203)少许
15·16 通用
玻璃眼睛/10mm×8mm 2个、8mm×6mm
1个,手工棉适量

针 4/0号钩针
密度(10cm×10cm) 花样/23针×12行
完成尺寸 **15** 宽12cm,长80.5cm
16 宽12cm,长75.5cm

钩织方法(未特别指定的内容,**15·16** 的钩织
方法通用)
1 钩织主体
圈钩起针,长针加针钩至第5行,第6~86行
不加减针地钩织,第87~90行减针钩织,最
后将线穿入剩下的针脚后收紧。在结束(头部

一侧)钩织纽扣环,**16** 还需在正面进行刺绣。
2 钩织各配件
分别钩织头和耳朵,**16** 要钩织尾巴和橡子、橡
子盖。参考组合方法图分别组合头和耳朵、橡
子、尾巴。**15** 是制作毛线球,**16** 是塞入手工
棉进行刺绣。
3 组合
组合后的配件参考组合方法图缝合在主体上。
15 是钉缝纽扣。

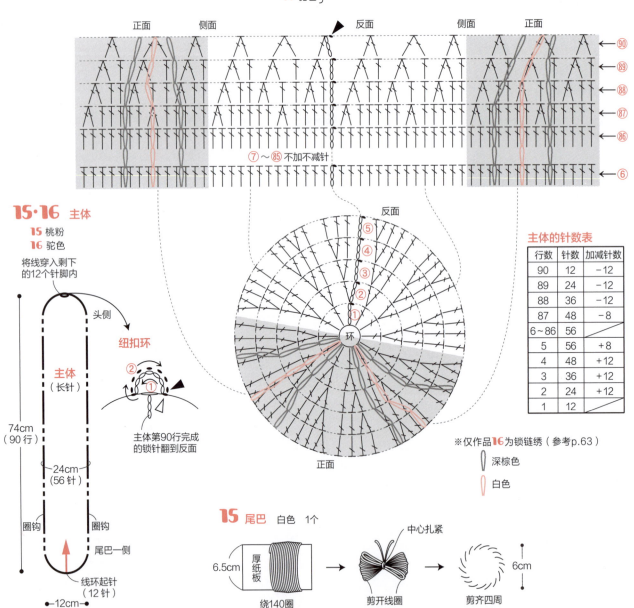

15·16 主体 **15** 桃粉 **16** 驼色 各1片

⑦~㉕ 不加不减针

将线穿入剩下
的12个针脚内

头侧

纽扣环

主体第90行完成
的锁针翻到反面

15·16 主体 **15** 桃粉 **16** 驼色

主体(长针)

74cm(90行)

24cm(56针)

圈钩   圈钩

尾巴一侧

线环起针(12针)

←12cm→

主体的针数表

行数	针数	加减针数
90	12	−12
89	24	−12
88	36	−12
87	48	−8
6~86	56	
5	56	+8
4	48	+12
3	36	+12
2	24	+12
1	12	

※仅作品 **16** 为锁链绣(参考p.63)
深棕色
白色

15 尾巴 白色 1个

中心扎紧

6.5cm 厚纸板
绕140圈

剪开线圈

6cm
剪齐四周

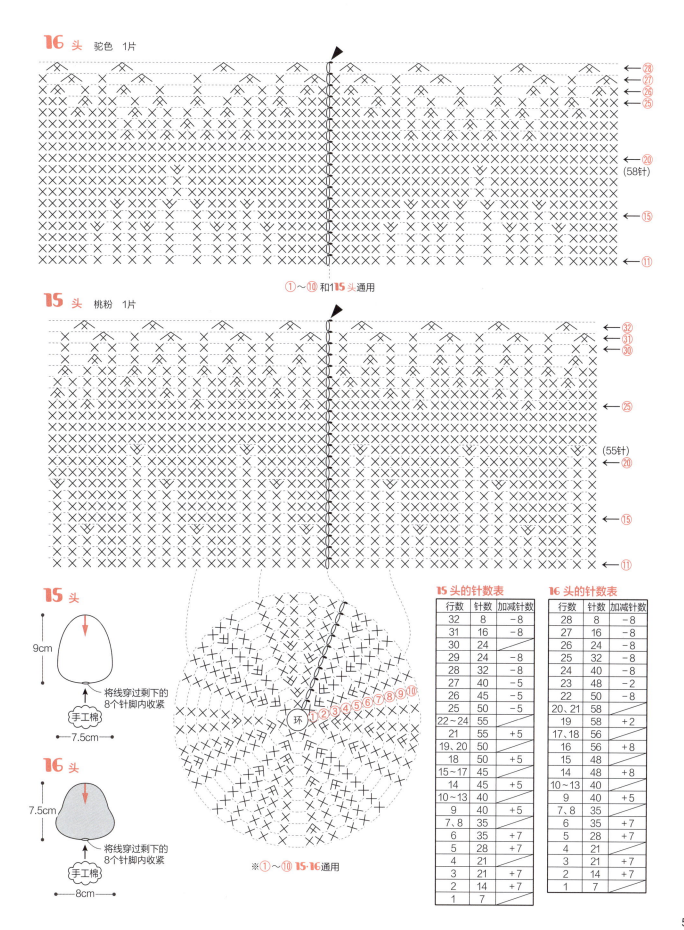

16 头　驼色　1片

①~⑩ 和1**5**头通用

15 头　桃粉　1片

15 头

9cm

将线穿过剩下的
8个针脚内收紧

手工棉

←7.5cm→

16 头

7.5cm

将线穿过剩下的
8个针脚内收紧

手工棉

←8cm→

环 ①②③④⑤⑥⑦⑧⑨⑩

※①~⑩ **15·16**通用

15 头的针数表

行数	针数	加减针数
32	8	-8
31	16	-8
30	24	
29	24	-8
28	32	-8
27	40	-5
26	45	-5
25	50	-5
22~24	55	
21	55	+5
19、20	50	
18	50	+5
15~17	45	
14	45	+5
10~13	40	
9	40	+5
7、8	35	
6	35	+7
5	28	+7
4	21	
3	21	+7
2	14	+7
1	7	

16 头的针数表

行数	针数	加减针数
28	8	-8
27	16	-8
26	24	-8
25	32	-8
24	40	-8
23	48	-2
22	50	-8
20、21	58	
19	58	+2
17、18	56	
16	56	+8
15	48	
14	48	+8
10~13	40	
9	40	+5
7、8	35	
6	35	+7
5	28	+7
4	21	
3	21	+7
2	14	+7
1	7	

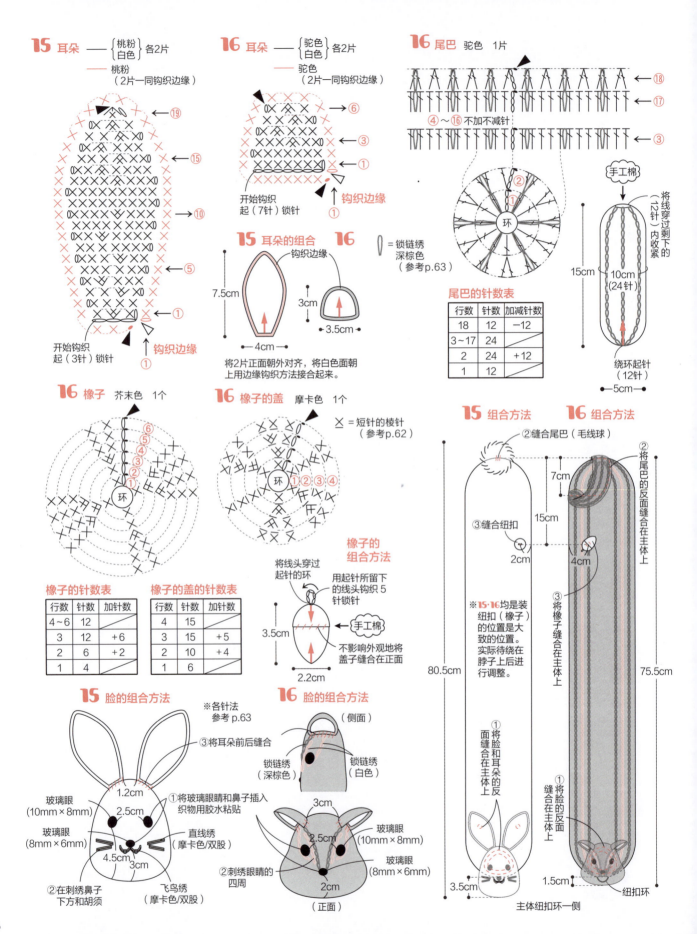

23·24 / 长颈鹿和斑马

23 图片 & 重点课程 ... p.24 & p.29   24 图片 & 重点课程 ... p.25 & p.29

所需材料　和麻纳卡（HAMANAKA）株式会社
23 HAMANAKA 纯羊毛中细线 / 蜂蜜芥末酱色 (33)150g、焦茶色 (46)140g、黑色 (30)2g
24 HAMANAKA 纯羊毛中细线 / 黑色 (30) 155g、白色 (1)140g
23·24 通用
蘑菇纽扣 11.5mmm/ 黑色各 2 个、手工棉适量

针　6/0 号钩针
密度（10cm×10cm）花样 /16.6 针 ×8.3 行

完成尺寸　23 宽 12cm、长 132cm
24 宽 12cm、长 124cm
钩织方法（未特别指定的内容、**23·24** 的钩织方法通用）
※ 全部均为双股线钩织
1　钩织主体
锁针圈钩、不加减针地钩织指定行数的长针。
24 是双色的条纹。
2　钩织腿
从主体的开始和结束处分别挑钩 20 针、参考编织图解钩织腿。接着织蹄子。

3　钩织头部
圈钩起针、加减针过程中塞入手工棉进行钩织。
4　钩织各配件
23 将内耳、外耳、鼻子、眼睛的底座、尾巴分别钩织指定的数量、内耳是卷缝组合在外耳上。
24 是钩织耳朵、鼻子、尾巴。
5　组合
参考组合方法图解组合脸部、将各配件缝合在主体上组合。

---

23 腿 4 片
※ 配色表参考 p.58
※ 朝着内侧将反面翻到正面使用（参考 p.63）
※ 蹄子是朝着外侧将正面翻到正面进行钩织
※ 用双股线进行钩织
接在蹄子的◇处

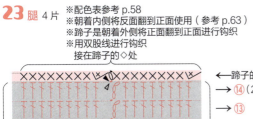

←蹄子的第 1 行
→⑭（20针）
→⑬
→⑫
→⑪
→⑩
→⑨（18针）
→⑧
第 2～7 行不加不减地进行钩织
→①（20针）
接★处

23·24 腿处针脚的挑钩方法

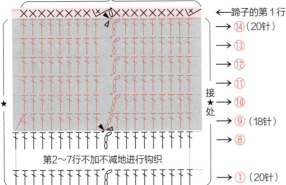

（40针）　主体
卷缝主体中心的 1 针
挑钩 1 圈（20针）
后腿
前腿
一圈挑钩（20针）
（40针）主体

24 腿 4 片
※ 配色表参考 p.58
※ 朝着内侧将反面翻到正面使用（参考 p.63）
※ 蹄子是朝着外侧将正面翻到正面进行钩织
※ 用双股线进行钩织
接在蹄子的◇处

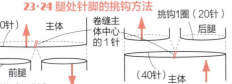

←蹄子的第 1 行
→⑪（20针）
→⑩
第 5～9 行不加不减地进行钩织
→④
接★处
→③
→②
→①（20针）

23·24 尾巴上的毛

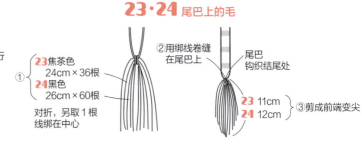

① **23** 焦茶色　24cm×36 根
24 黑色　26cm×60 根
对折、另取 1 根线绑在中心

② 用绑线卷缝在尾巴上
尾巴钩织结尾处
③ 剪成前端变尖
23 11cm
24 12cm

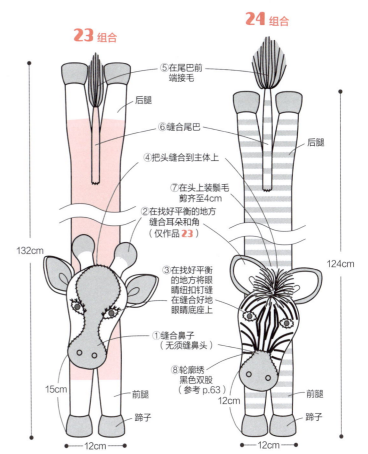

23 组合
⑤ 在尾巴前端接毛
后腿
⑥ 缝合尾巴
④ 把头缝合到主体上
② 在找好平衡的地方缝合耳朵和角（仅作品 23）
③ 在找好平衡的地方将眼睛纽扣钉缝在缝合好地眼睛底座上
① 缝合鼻子（无须缝鼻头）
⑧ 轮廓绣黑色双股（参考 p.63）
132cm
15cm
前腿
蹄子
12cm

24 组合
⑤ 在尾巴前端接毛
后腿
⑦ 在头上装鬃毛剪齐至 4cm
124cm
12cm
前腿
蹄子
12cm

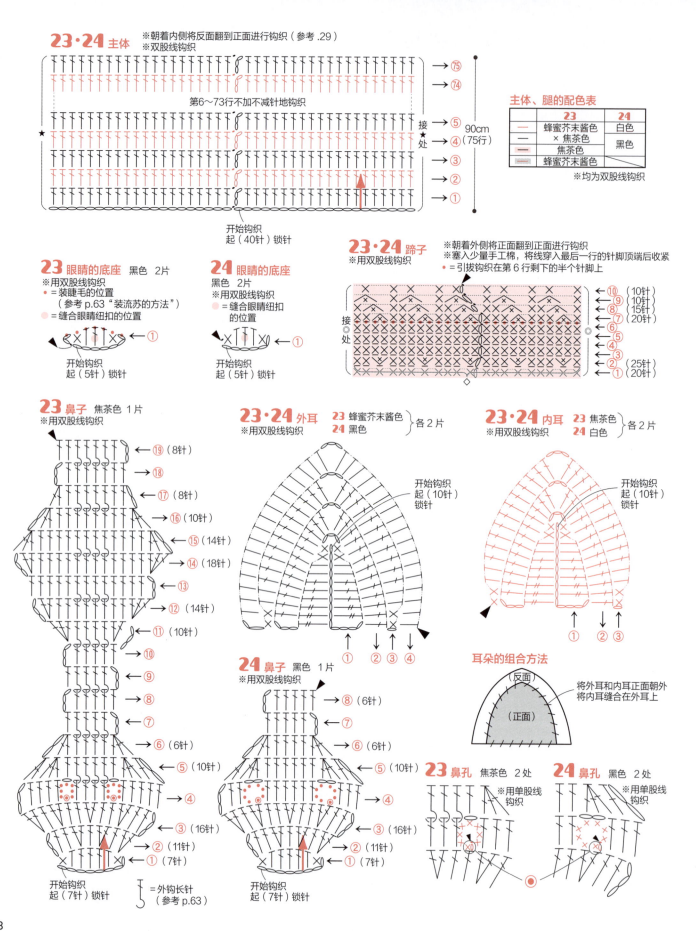

23·24 主体
※朝着内侧将反面翻到正面进行钩织（参考.29）
※双股线钩织

第6~73行不加不减针地钩织

→ ⑦⑤
→ ⑦④
→ ⑤ 接 ★ 处
→ ④（75行）90cm
→ ③
→ ②
→ ①

开始钩织
起（40针）锁针

主体、腿的配色表

	23	24
	蜂蜜芥末酱色	白色
×	焦茶色	黑色
	焦茶色	
	蜂蜜芥末酱色	

※均为双股线钩织

23 眼睛的底座 黑色 2片
※用双股线钩织
• = 装睫毛的位置
（参考 p.63"装流苏的方法"）
● = 缝合眼睛纽扣的位置

← ①
开始钩织
起（5针）锁针

24 眼睛的底座 黑色 2片
※用双股线钩织
● = 缝合眼睛纽扣的位置

← ①
开始钩织
起（5针）锁针

23·24 蹄子
※用双股线钩织

※朝着外侧将正面翻到正面进行钩织
※塞入少量手工棉，将线穿入最后一行的针脚顶端后收紧
• = 引拔钩织在第6行剩下的半个针脚上

接 处

← ⑩（10针）
← ⑨（10针）
← ⑧（15针）
← ⑦（20针）
← ⑥
← ⑤
← ④
← ③
← ②（25针）
← ①（20针）

23 鼻子 焦茶色 1片
※用双股线钩织

← ⑲（8针）
→ ⑱
← ⑰（8针）
← ⑯（10针）
← ⑮（14针）
← ⑭（18针）
← ⑬
← ⑫（14针）
← ⑪（10针）
→ ⑩
→ ⑨
→ ⑧
→ ⑦
← ⑥（6针）
← ⑤（10针）
← ④
← ③（16针）
← ②（11针）
← ①（7针）

开始钩织
起（7针）锁针

∫ = 外钩长针
（参考 p.63）

24 鼻子 黑色 1片
※用双股线钩织

→ ⑧（6针）
← ⑦
← ⑥（6针）
← ⑤（10针）
← ④
← ③（16针）
← ②（11针）
← ①（7针）

开始钩织
起（7针）锁针

23·24 外耳
※用双股线钩织
23 蜂蜜芥末酱色
24 黑色 } 各2片

开始钩织
起（10针）锁针

① ② ③ ④

23·24 内耳
23 焦茶色
24 白色 } 各2片

开始钩织
起（10针）锁针

① ② ③

耳朵的组合方法

（反面）
（正面）
将外耳和内耳正面朝外
将内耳缝合在外耳上

23 鼻孔 焦茶色 2处
※用单股线钩织

24 鼻孔 黑色 2处
※用单股线钩织

58

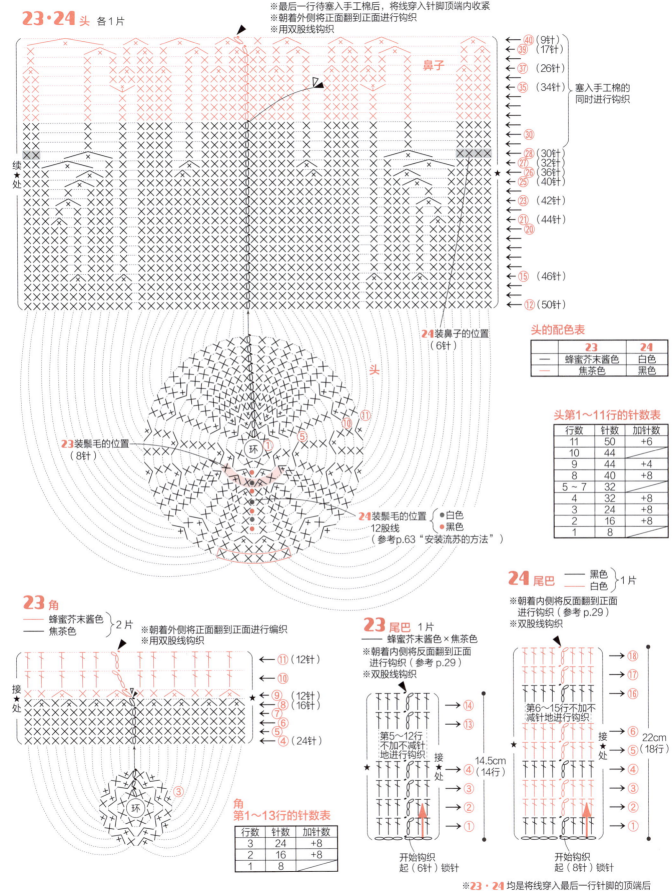

23·24 头 各1片

※最后一行待塞入手工棉后，将线穿入针脚顶端内收紧
※朝着外侧将正面翻到正面进行钩织
※用双股线钩织

鼻子

→ ㊵（9针）
→ ㊴（17针）
→ ㊲（26针）
→ ㉟（34针）

塞入手工棉的同时进行钩织

→ ㉚
→ ㉘（30针）
→ ㉗（32针）
→ ㉖（36针）
→ ㉕（40针）
→ ㉓（42针）
→ ㉑（44针）
→ ⑳
→ ⑮（46针）
→ ⑫（50针）

续★处

24 装鼻子的位置（6针）

头

23 装鬃毛的位置（8针）

24 装鬃毛的位置
12股线
●白色
●黑色
（参考p.63"安装流苏的方法"）

头的配色表

	23	24
—	蜂蜜芥末酱色	白色
—	焦茶色	黑色

头第1～11行的针数表

行数	针数	加针数
11	50	+6
10	44	
9	44	+4
8	40	+8
5～7	32	
4	32	+8
3	24	+8
2	16	+8
1	8	

23 角
— 蜂蜜芥末酱色
— 焦茶色
}2片

※朝着外侧将正面翻到正面进行编织
※用双股线钩织

← ⑪（12针）
← ⑩
← ⑨（12针）
← ⑧（16针）
← ⑦
← ⑥
← ⑤
← ④（24针）

接★处

角
第1～13行的针数表

行数	针数	加针数
3	24	+8
2	16	+8
1	8	

23 尾巴 1片
— 蜂蜜芥末酱色×焦茶色
※朝着内侧将反面翻到正面进行钩织（参考p.29）
※双股线钩织

→ ⑭
→ ⑬

第5～12行不加不减针地进行钩织

→ ④
→ ③
→ ②
→ ①

14.5cm（14行）

接★处

开始钩织
起（6针）锁针

24 尾巴
— 黑色
— 白色
}1片

※朝着内侧将反面翻到正面进行钩织（参考p.29）
※双股线钩织

→ ⑱
→ ⑰
→ ⑯

第6～15行不加不减针地进行钩织

→ ⑥
→ ⑤
→ ④
→ ③
→ ②
→ ①

22cm（18行）

接★处

开始钩织
起（8针）锁针

※**23·24** 均是将线穿入最后一行针脚的顶端后收紧在结束钩织一侧接入毛的部分（参考p.57）

钩针图解的阅读方法

本书中的钩针图解均以从正面看到的表示，且按日本工业标准（JIS）的规定。
钩针编织没有正针和反针（除内、外钩针外）的区分，
对于正反面交替的片钩，图解符号的表示也相同。

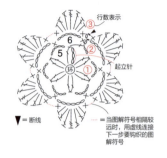

行数表示
起立针
环
▼＝断线
＝当图解符号相隔较
远时，用虚线连接
下一步要钩织的图
解符号

从中心开始圈钩时

在中心环形（或锁针）起针，依照环形逐圈编织。每圈的起始处都先钩起立针，然后继续接着钩。原则上，都是将织片正面朝外钩织，依照图解从右向左进行编织。

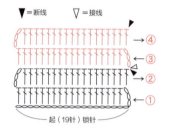

▼＝断线　▽＝接线

起（19针）锁针

片钩时

其特征是在织片左右两侧有立起的起立针，原则是当起立针位于右侧时，在织片正面，依照图解自右向左进行钩织。当起立针位于左侧时，在织片反面，依照图解自左向右进行钩织。图示为在第3行换配色线后的图解。

线和钩针的握法

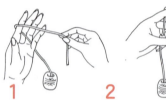

1 将线从左手的小指和无名指中间穿出，挂在食指上，将线头带到手掌前侧。

2 用拇指和中指捏住线头，竖起食指使线绷紧。

3 用拇指和食指捏住钩针，将中指轻轻地搭在针头上。

起始针的钩织方法

1 如箭头所示方向从线的另一侧旋转钩针针头。

2 接着在针头上挂线。

3 如箭头所示穿入环中将线带出。

4 拉线头，抽紧针脚，完成起始针（此针不计作针数）。

起针

环

从中心开始圈钩时
（用线头绕成环）

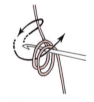

引拔带出的针脚

1 将线在左手食指上绕2圈。

2 将环从食指上取下用手捏住，钩针插入环中，挂线引拔带出。

3 再次挂线引拔带出，钩起立针。

4 钩第1圈时，在环中心插入钩针，钩织所需针数的短针。

5 暂时先将钩针抽出，拉动最初缠绕圆环的线1和线2，将环收紧。

6 钩织完第1圈后，在第1针短针的顶部入针，挂线引拔带出。

6

从中心开始圈钩时
（用锁针钩织环）

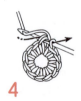

1 钩织所需针数的锁针，在起始锁针的半个针脚处入针引拔。

2 针头挂线将线引拔带出。这一针是起立针的锁针。

3 第1行是在环内入针，将锁针整个挑起钩织所需数量的短针。

4 第1行结束是在起始短针的顶部入针，挂线引拔。

片钩时

起立针的第1针锁针

1 钩织所需针数的锁针和起立针，在开始的第2个锁针中入针，挂线引拔带出。

2 针头挂线，如箭头所示将线引拔带出。

3 完成第1行钩织后的样子（起立针不计入针数）。

锁针的识别方法

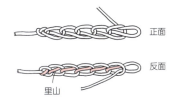

正面

反面

里山

锁针有正反面的区别。反面中间突出的1根线称为锁针的"里山"。

挑钩上一行针脚的方法

 在第1针内入针钩织

1   **2**

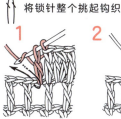 将锁针整个挑起钩织

1   **2**

即使是相同的枣形针针法，其挑针方法依据图解也有所不同。图解符号下方为闭合的状态时，则表示要织入上一行的同一针脚内。图解符号下方为打开的状态时，则表示需将上一行的锁针整个挑起后钩织。

钩针符号

⬭ 锁针

第5针

1 钩织第1针，"在针头上挂线"。

2 将挂在针头上的线引拔带出完成锁针。

3 重复钩织步骤1中引号内和步骤2中的内容。

4 完成了5针锁针。

● 引拔针

1 在上一行的针脚处入针。

2 在针头上挂线。

3 将线一次性引拔带出。

4 完成1针引拔针。

✕ 短针

1 在上一行的针脚处入针。

2 针头上挂线，将线圈引拔带出（引拔带出后的状态称为未完成的短针）。

3 再次针头上挂线，将2个线圈一次性引拔带出。

4 完成1针短针。

⊤ 中长针

1 针头挂线，在上一行的针脚处入针。

2 接着在针头上挂线引拔带出至前侧（此时的状态称为"未完成的中长针"）。

3 再次挂线在针头上，一次性引拔带出3个线圈。

4 完成1针中长针。

⊥ 长针

1 针头上挂线，在上一行的针脚处入针，接着挂线将线圈引拔带出至前侧。

2 如图所示将线挂在针头上，引拔带出2个线圈（此时的状态称为"未完成的长针"）。

3 再次针上挂线，引拔带出2个线圈。

4 完成1针长针。

长长针

1 将线在钩针上绕2圈，在上一行的针脚处入针，接着针上挂线引拔带出至前侧。

2 依照图示箭头方向引拔穿过2个线圈。

3 同样的动作重复2次。

4 完成1针长长针。

⋉ 短针1针分2针

1 钩织1针短针。

2 在同一针脚内入针，将线圈引拔带出，钩织短针。

3 钩入2针短针后的样子。在同一针脚内再钩1针短针。

4 在上一行的1针内钩入3针短针后的状态。

⋉ 短针1针分3针

比上一行增加2针后的状态。

◇ 短针2针并1针

※ 针数是3针时，也是按相同要领，从3针中一次性地引拔带出线圈（短针3针并1针）。

1 如图箭头所示在上一行的针脚中入针，从线圈中引拔带出。

2 同样，下个针脚也是从线圈中引拔带出。

3 针头挂线，如图箭头所示，从3个线圈中一次性地引拔带出。

4 下一针按相同的方法入针，挂线引拔带出。

⌦ 长针1针分2针

※ 针数是2针以上或长针以外的其他针法，也是按相同要领，在上一行的1个针脚处按指定符号钩入指定的针数。

1 钩1针长针，针头挂线在同一针脚处钩织1针长针。

2 针上挂线，一次性引拔2个线圈。

3 再次挂线，引拔余下的2个线圈。

4 在上一行的1针处完成2针长针后的样子。比上一行针数多1针的状态。

⋀ 长针2针并1针

※ 针数为2针或长针以外的其他针法时，也是按相同要领，钩织指定针数的未完成的针，针头挂线，从针上所挂的线圈中一次性地引拔带出。

  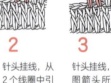

1 在上一行的针脚中钩织1针未完成的长针（参考p.61）。针头挂线，如图箭头所示在下一针脚内入针，挂线带出。

2 针头挂线，从2个线圈中引拔带出，钩织第2针未完成的长针。

3 针头挂线，如图箭头所示，一次性地从3个线圈中引拔带出。

4 完成长针2针并1针。比上一行针数少1针。

⋉ 短针的棱针（圈钩）

※ 除短针以外的其他针法符号，也是按相同要领，挑上一行对侧的半个针脚钩织指定的符号。

1 朝着每行的前侧钩织。整行钩织一圈短针，在起始针脚上引拔。

2 钩织1针锁针起立针，挑起上一行对侧的半个针脚，钩织短针。

3 同样地重复步骤2的要领，继续钩织短针。

4 上一行外侧的未钩的半个针脚像筋一样留了下来。钩完3行短针的棱针后的样子。

⌒ 3针锁针的狗牙针

※ 针数为3针以外时，也是钩织步骤1中的指定针数，按相同要领引拔。

1 钩织3针锁针。

2 在短针顶部的半针和底部的1根线处入针。

3 针头挂线，一次性地从3个线圈中引拔带出。

4 完成了3针锁针的狗牙针。

⬥ 3针长针的枣形针

※ 针数为3针或长针以外时，也是按相同要领，在上一行的1针内钩织指定针数的未完成的指定符号，如步骤3所示，将针上挂的线圈一次性地引拔带出。

1 在上一行的针脚中钩织1针未完成的长针（参考p.61）。

2 在同一针脚内入针，继续钩织2针未完成的长针。

3 针头挂线，一次性从钩针上的4个线圈中引拔带出。

4 完成3针长针的枣形针。

⬥ 5针长针的爆米花针

1 在上一行的同一针脚内钩5针长针，完成后暂将钩针抽出，然后如图中箭头所示重新入针。

2 就这样将线圈引拔带出到前侧。

3 接着钩1针锁针并收紧。

4 完成了5针长针的爆米花针。

外钩短针

※ 在编织片钩反面时，为内钩短针。

1 如图中箭头所示方向，从正面在上一行短针的底部入针。

2 针头挂线，将线带至比钩织普通短针时稍长一些。

3 再次在针头挂线，一次从2个线圈中引拔带出。

4 完成了1针外钩短针。

 内钩短针

※ 在编织片钩反面时，为外钩短针。

1 如图箭头所示方向，从反面在上一行短针的底部入针。

2 针上挂线，如图中箭头所示方向从织物的对侧引拔带出。

3 将线带出至比钩织普通短针时稍长一些，再次针头挂线，一次性从2个线圈中引拔带出。

4 完成了1针内钩短针。

 外钩长针

※ 在编织片钩反面时，为内钩长针。
※ 钩长针以外的针法时，也是按相同要领，如步骤1的箭头所示方向入针，编织指定的符号。

1 针上挂线，如图箭头所示方向，从正面在上一行长针的底部入针。

2 针头挂线，将线稍拉长一些引拔带出。

3 再次在针头挂线，从2个线圈中引拔带出。然后再次重复1次相同的动作。

4 完成了1针外钩长针。

装流苏的方法

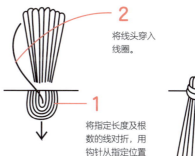

2 将线头穿入线圈。

1 将指定长度及根数的线对折，用钩针从指定位置处引拔带出。

3 对齐修剪至指定的长度。

花样编织的钩织方法（横向渡线包织方法）

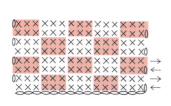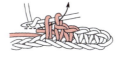

b色线　a色线

1 在换线钩织前，在即将要完成的短针处用配色线（b色线）引拔钩织。

线头

2 引拔后的状态。接着用b色线钩织，因为是包住主色线（a色线）和b色线的线头一起钩织，所以无需处理线头。

3 再次用a色线钩织前，在即将要完成的短针处，换包织过来的a色线引拔钩织。

卷缝

1 对齐两片织物的正面，挑起顶端针脚的2根线将线收紧。卷缝的顶头和结尾处挑缝2针。

2 每片各挑1针逐次完成。

3 卷缝至顶部后的样子。

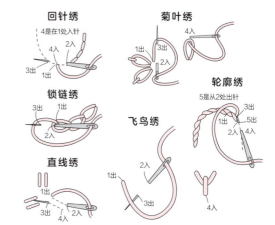

回针绣
4是在1处入针
4入　2入
3出　1出

菊叶绣
4入
1出　3出
1入　2入

锁链绣
3出　1出
2入

轮廓绣
5是从2处出针
3出
1出　5出
2入　4入

飞鸟绣
2入
1入　3入
4入

直线绣
1出
3出
1入
3入

莫娜·露西
身高98cm

克洛艾·德温特
身高107cm

菖蒲·伊利亚
身高113cm

日文原版图书工作人员

图书设计	原照美（mill inc.）
摄影	原田 拳（作品）
	本间伸彦（制作过程、线材样品）
作品款式	绘内友美
发型	山田直美
模特	莫娜·露西（Mona Lucy）
	克洛艾·德温特（Chloe Dewinter）
	菖蒲·伊利亚（Ayame Iliya）
作品设计	冈麻里子　冈本启子　镰田惠美子
	河合真弓　藤田智子　松本薰
钩织方法解说·描绘	三岛惠子　村木美佐子　矢野康子
制作过程协助	河合真弓
钩织方法校阅	西村容子
企划·编辑	E&G CREATES
	（薮 明子　浅冈纱绪里）

原文书名：かぎ針で編むひょっこりかわいい！アニマルマフラー
原作者名：E&G CREATES

Kagihari de amu hyoukkori kawaii! Maniaru mafura-
Copyright ©eandgcreates 2020
Original Japanese edition published by E&G CREATES.CO.,LTD.
Chinese simplified character translation rights arranged with E&G
CREATES.CO.,LTD.
Through Shinwon Agency Beijing Office.
Chinese simplified character translation rights © 2025 by China Textile
& Apparel Press

本书中文简体版经日本E&G创意授权，由中国纺织出版社有限公司
独家出版发行。本书内容未经出版者书面许可，不得以任何方式或
任何手段复制、转载或刊登。

著作权合同登记号：图字：01-2025-2349

图书在版编目（CIP）数据

超可爱的动物造型围巾 / 日本E&G创意编著 ；虎耳
草咩咩译. -- 北京 ：中国纺织出版社有限公司，2025.
7. -- ISBN 978-7-5229-2688-9

Ⅰ．TS935.521-64

中国国家版本馆CIP数据核字第2025P9G469号

责任编辑：郭 婷 周 航　责任校对：王蕙莹
责任印制：储志伟

中国纺织出版社有限公司出版发行
地址：北京市朝阳区百子湾东里 A407 号楼　邮政编码：100124
销售电话：010—67004422　传真：010—87155801
http://www.c-textilep.com
中国纺织出版社天猫旗舰店
官方微博 http://weibo.com/2119887771
北京雅昌艺术印刷有限公司印刷　各地新华书店经销
2025 年 7 月第 1 版第 1 次印刷
开本：787×1092　1/16　印张：4
字数：64 千字　定价：46.00 元